Classic French Confections
To Make At Home

Classic French Confections
To Make At Home

Classic French Confections To Make At Home

金牌主廚的法式甜點 饕客口碑版

得 獎 甜 點 珍 藏 秘 方 大 公 開

得獎記錄
★2009世界杯青少年選手指導老師銀牌
★2007法國里昂甜點世界杯台灣代表隊隊長
★2007日本蛋糕大賽優選獎
★2006法國巴黎甜點公開賽金牌、拉糖特別獎

金牌主廚
李依錫◎著

朱雀文化

Preface

甜點，是生活，更是一種態度

什麼是「法式甜點」？這很難回答，一如問「什麼是法國時裝？」任誰也難以給一個完備的答案。不過簡單來說，法式甜點是在製作過程中極講究食材、工法及廚師的創意，成品給人一種高貴脫俗的感覺，令人在視覺和味覺上獲得雙重享受的食物。

從我在飯店裡當甜點學徒起，便對法式點心有一種迷戀與熱情。除了學習傳統的做法，我還喜歡加入些自己的創意，變化出各種新甜點，讓愛吃甜點的人更加期待。很幸運地一路以來，我都能從事法式甜烘焙的工作，也因工作的機會，讓我可以到不少國家參加甜點比賽，累積經驗增廣見聞，其中讓我印象最深刻的，是由何文熹師傅領隊，從巴黎甜點公開賽到里昂世界杯甜點比賽的兩次行程。我領悟到原來在法國，甜點不是偶一為之的奢侈品，它早已融入飲食生活，更是一種態度。

我的理想是以高級、健康食材製作法式甜點，2012年11月終於跨出圓夢的第一步，Le Ruban pâtisserie法朋烘焙甜點坊正式營運，卻也因每天直接面對眾多喜愛我店裡糕點的消費者而戰戰競競，如履薄冰。Le Ruban在法文裡是緞帶的意思，也意謂著授勳，希望我的堅持和努力，能從欣賞甜點、懂得甜點的消費者身上獲得肯定與回饋。

當我在學校教學或是在飯店裡工作，甚至到現在自行創業開設Le Ruban pâtisserie法朋烘焙甜點坊，很多時候都會聽到：「老師！可以給我〇〇配方嗎？」「師傅！可以教我〇〇怎麼做嗎？」因而我總在想，如果有一本書，讓他們照著做就能夠進入法式甜點的世界，就會有更多人喜愛法式甜點；這也是激起我想創作、完成這本書的原動力。在法朋誕生的4個月後，我終於也整理、刷新了這本食譜書。在最新的「饕客口碑版」中，我加入了6道店裡最暢銷的法式點心，雖然有些製作時間較長，但都是極基礎的技巧，希望新手們也能來嘗試製作！

這次食譜書製作、再版之日，剛好是開業最艱辛、最忙碌的高峰期，感謝家人及太太志怡對我的體諒，讓我能全無後顧之憂地製作出最好的甜點，在助手崔良偉、李浩平師傅協力下，加速完成新版的食譜書。當然，之前提供製作場地的巧克力雲莊胡經理、好友李允中、郭曉頻、蔡凱因、提供材料的苗林行、力瑜郭先生、共事過的同事們，以及開業這一段期間嘉崧徐先生夫婦、馬醫師莉莉姐夫婦、富華股份有限公司朱董事長及朱副總經理、法朋甜點坊全體辛苦的夥伴們、所有支持我的朋友們，心裡充滿感恩。最後，願大家和我一起享受奇妙的法式甜點，讓它走入生活，美化生命態度。

Le Ruban Pâtisserie 法朋烘焙甜點坊主廚
李依錫

Before The Recipe
閱讀本書之前

看了這本書中美麗的點心是不是讓你食指大動，或者想挑戰自己，
製作更高級的點心呢？而在開始製作以前，
希望讀者能先閱讀以下注意事項，必能幫你事半功倍完成。

關於內容

1. 步驟數字前加上一個如 ● 的圓圈，則表示這個步驟較複雜，難易度較高，在操作過程中更需特別注意。
2. 步驟最後一個字後面如加上＊1的符號，表示在後面的大廚的秘訣中的＊1有加以解釋，可幫助操作上的理解。
3. 慕斯類的法式甜點做法較繁複，建議新手可先從本書第二部分蛋糕、布丁，以及第三部分糖果、餅乾、塔和派開始做起，成功率較高。然後再試著挑戰最高難度的慕斯類點心。
4. 慕斯類甜點雖屬於不需烘焙的點心，但因慕斯中有夾入蛋糕片、達克瓦茲或餅乾等，仍需經過烘焙才能完成，因此在烘焙方式下有加註說明。
5. 每一道點心都有附上剖面圖，這是方便讀者能更瞭解多層次組成的慕斯類、蛋糕類點心的結構，幫助成功製作。
6. 需要烘焙時，烤箱都必須先以操作溫度預熱20分鐘，並記得預熱完成要趕緊開始烘焙，避免烤箱內部冷卻，失去預熱的目的。
7. 每一道點心都附上以上下火溫度烤箱和單一溫度烤箱的操作溫度，讀者可依家中烤箱選擇。惟因每個品牌的烤箱效能略有不同，建議讀者多操作幾次，先熟悉自家的烤箱，增加成功的機率。
8. 本書中的點心為了完美呈現，多在表面加上諸多裝飾，讀者可選擇自己拿手的裝飾物，或不裝飾食用也很美味。
9. 因慕斯類點心做法較多，其中用到鍋子，是指需要加熱，而盆子（鋼盆），則多以不需加熱，僅做攪拌、混合等步驟時使用。
10. 書中慕斯類需降溫時，可將整個盆子以隔冰水降溫的方式來操作，比自然冷卻更省時間。

關於材料和工具

1. 若覺得書中標明的巧克力、餅乾類甜點成品數量過多，如只想做一半份量，可將材料直接除以2來製作。
2. 書中因有很多道慕斯類甜點，用到吉利丁片的機會很多。泡吉利丁片最好是用2℃的冰礦泉水來泡，同時，可用2℃的冰開水取代。
3. 書中使用的巧克力多為有百分比的進口巧克力，為使成品更完美零失敗，建議讀者到烘焙專門店購買，例如：元寶實業股份有限公司（02-2658-9985）、力瑜貿易股份有限公司（02-2545-3886）、聯馥食品股份有限公司（02-2898-2488）等大型食材進口商，或者零售商。尤其有些材料一次必須訂購較多數量，建議讀者直接詢問零售商或烘焙行，購買分裝好的材料為佳。。
4. 書中有使用到噴槍的地方，讀者操作時需更加小心謹慎。
5. 書中有用到糖度計和均質機2種一般人較少使用的特殊器具，讀者可先參考p.11常見的材料和工具介紹再操作。
6. 書中的模型等工具多在烘焙材料行買得到。
7. 書中奶油部分若無特別解釋，則以使用無鹽奶油為主。而鮮奶油則為動物性鮮奶油。
8. 本書每一道點心都有寫大約完成的數量，但依每個人的技巧或熟悉度、選用的雞蛋的種類等等，可能導致成品數量略有不同。
9. 為求視覺上的美觀，食譜中的點心會增加裝飾物品，裝飾不影響到製作點心的成敗，讀者製作時也可自由更換裝飾。
10. 書中有些材料會寫明某些品牌，是我覺得用這些品牌的產品口感比較好，讀者若買不到，也可以使用普通常見品牌的材料。

Contents

目錄

Plus
饕客口碑人氣款
點心特輯
6

這6款點心，是法朋烘焙點心坊開業之初最暢銷的甜點，也是我心中的Best6甜點，其中也包含了超人氣的蛋糕卷，烘焙高手、新手們可以在家嘗試製作，隨時想吃就吃喔！

Mousse
慕斯　*12*

Cake & Pudding
蛋糕&布丁 72

Cookie & Pie & Tart & Candy
餅乾&派塔&糖果 98

大廚的基礎甜點講堂

Materials and Ingredients

認識常見的材料和工具

酒類

1 法國君度Cointreau Liqueur40%香橙酒
白柑橘香橙酒，又譯作康圖酒，主要的香味來自於苦橙果皮和甜橙皮，可用在製作點心。

2 馬里布椰子蘭姆酒
Malibu Caribbean Coconut
在蘭姆酒中加入了椰子的香甜味，可做調酒材料和製作點心。

3 法國君度Cointreau Liqueur 60%橙皮酒
酒精濃度60%、香甜酒中的極品。可做調酒、點心或巧克力內餡使用。

4 白蘭地酒（Brandy）
喝入口香醇且帶有香氣的白蘭地酒，以特有的金香葡萄酒製成，可用作點心內餡或調酒材料。

5 日本Dover生薑利口酒
加入了生薑口味的利口酒，可用作點心或調酒材料。

6 荔枝酒Dita Lychee
透明的香甜酒，喝得到原汁原味的荔枝酸甜味，還有荔枝水果的香氣。可用作點心內餡或調酒材料。

7 法國櫻桃白蘭地酒
Kirsch Sieux Cherry
櫻桃水果味的白蘭地酒，可做巧克力或點心的內餡。

8 法國君度Cointreau覆盆子酒
覆盆子口味的香甜酒，帶點清新的自然水果酸甜味，是製作點心內餡的好材料。

9 卡魯哇Kahlua咖啡香甜酒
帶有咖啡香氣，嘗起來帶有甜味的咖啡香甜酒，多用在製作提拉米斯，或者各類點心的餡料。

奶類製品

1 Elle&Vire鮮奶油
來自法國的元老級品牌的鮮奶油，品質優的乳製品，用來製作甜點的主材料。

2 伊斯尼（Isigny）鮮奶油
法國製的鮮奶油，質感細緻、氣味自然，嘗起來口感柔順，製作點心不可少的材料。

3 原味優格
不含甜味的優格，因不加糖，可用作甜點的材料，目前超市中就有販售。

4 法國新鮮白起司
來自法國、質地柔軟的新鮮起司，味道香濃，通常用作點心的內餡。需放在冰箱保存。

5 義大利馬斯卡邦起司（Mascarpone Cheese）
原產自義大利的新鮮，未經熟成過程或醞釀的新鮮起司，淡淡的微白黃色，味道香醇，是做提拉米斯甜點的主材料。

6 GOLDEN CHURN BUTTER無鹽奶油
來自澳洲的無鹽奶油，味道更香濃純，質地非常滑潤易拌合。

7 伊斯尼（Isigny）無鹽奶油
來自法國的頂級無鹽奶油，味道較清香，油味較不重。

8 Elle&Vire無鹽奶油
不含鹽分的奶油，一般製作甜點若未特別說明，多使用無鹽奶油。味道較清香，油味較不重。

9 美國Pauly奶油起司
新鮮的奶油起司，多在高級製品時使用，可製作慕斯、起司蛋糕或點心的內餡。

10 奶粉
乾燥顆粒狀，可製作蛋糕麵糊或其他點心。需存放在乾燥地方，避免奶粉遇水變質。

11 澳洲Lactose奶油起司
澳洲品牌的新鮮奶由起司，質地柔軟，可製作慕斯、雙淇淋、起司蛋糕或點心的內餡。

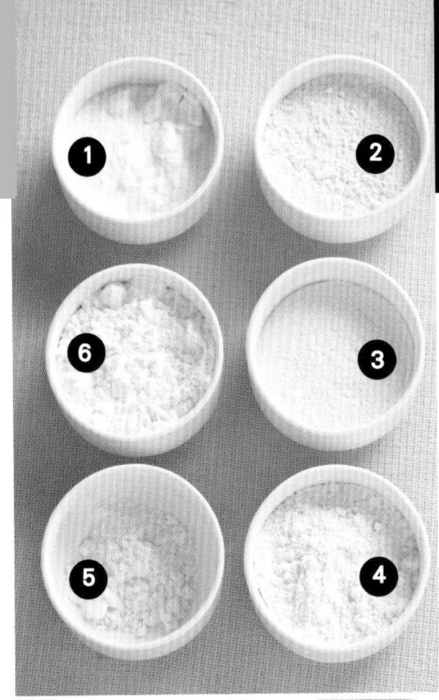

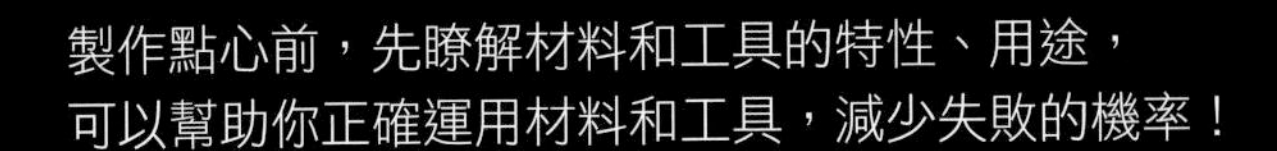

製作點心前，先瞭解材料和工具的特性、用途，
可以幫助你正確運用材料和工具，減少失敗的機率！

粉、糖、鹽、蛋類

1 小蘇打粉
細白的粉末，遇到水、熱或和其他酸性中和可釋放出二氧化碳，可用在蛋糕或小西點中，尤其用在巧克力點心中可酸鹼中和，使成品顏色較深。

2 高筋麵粉
又叫麵包麵粉，此外，因手捏一糰張開就會鬆散掉落，常用來當作操作過程中防手黏的手粉。

3 格斯粉
又稱卡士達預拌粉或克林姆粉，只要加入水、牛奶等液體攪拌均勻，即成液體餡料，使用上很方便。

4 低筋麵粉
筋性較高筋、中筋麵粉來得低，捏在手中鬆開後容易成糰，通常用來製作蛋糕、餅乾等點心。

5 乾燥蛋白粉
可代替新鮮雞蛋蛋白，直接放入麵糊、麵糰中使用，它有較強的凝膠性和高起泡性，適合用在馬卡龍等蛋白餅等產品中。

6 玉米粉
玉米澱粉，具有和太白粉類似的凝膠作用，多用在製作蛋糕和塔派的餡料等點心。

7 可可脂色素粉紅色
調整色度用的植物性可可脂色素粉，亮紅色粉粒狀。

8 可可脂色素粉白色
植物性可可脂色素粉，白色粉粒狀。

9 可可脂色素粉綠色
植物性可可脂色素粉，綠色粉粒狀。

10 可可脂色素粉鮮紅色
植物性可可脂色素粉，鮮紅色粉粒狀。

11 可可脂色素粉銀色
植物性可可脂色素粉，銀色粉粒狀。

12 可可脂色素粉金色
植物性可可脂色素粉，金色粉粒狀。

13 可可脂色素粉粉棕色
植物性可可脂色素粉，棕色粉粒狀。

14 楓糖粉
粉粒狀的楓糖，味道較淡，可用在製作甜點，或是加入紅茶等茶類中。

15 蛋
製作蛋、慕斯、餅乾等點心時，通常會使用到全蛋、蛋白或蛋黃。像全蛋多製作海綿蛋糕，蛋白可製作天使蛋糕、蛋白霜，蛋黃則可使麵糊質地更光滑柔軟，是不可或缺的材料。

16 日本上白糖
日本製等級最高的白色糖，白色的結晶粒，含水分高，質地較濕潤，較具保濕性。多用在製作點心麵包，能使點心易於上色。

17 海藻糖
白色結晶狀，甜度低吃起來不會膩口，甜度約為一般砂糖的40～45%，價格較高。

18 玫瑰岩鹽
海鹽，並非人工精製的鹽，外表呈玫瑰色澤，具有獨特的甘甜口味，多用於調味。

19 蜂蜜丁
顆粒狀的蜂蜜，可加入麵包、吐司或其他點心中。不僅味道香，還帶有特殊口感。

20 糖粉
是在磨細的白砂糖裡面加入玉米澱粉，以防止糖因潮濕而結成顆粒。使用前可先過篩，多用在蛋糕表面的裝飾。

21 二砂糖
黃糖，是最常使用的糖類，在白砂糖中加入了少量深褐色的焦糖製成。在點心需加入特殊風味且無色澤影響時可使用。

22 細砂糖
白色細顆粒狀的糖，是最常用到的糖。因顆粒細，加入麵糊中易於攪拌溶解，加上乳化作用佳，可產生均勻的氣孔，所以多用來製作點心。

堅果類

1 榛果仁
烤過後味香且酥脆。可加入麵糰製成餅乾增加口感，或是做點心表面裝飾。

2 杏仁碎
杏仁切成細碎的片狀或角，經過烘烤變熟後，可做餅乾或點心的食材或表面裝飾。

3 開心果
含豐富油脂的堅果，營養豐富，味道芳香可口，多用在製作餅乾上。

4 罌粟子
香料的一種，可揉入餅乾或吐司麵糰，或蛋糕麵糊中，增加香氣。

5 夏威夷果
含豐富油脂的堅果，營養豐富，味道芳香可口，多用在製作餅乾上。

6 核桃
經過烘烤後，可整顆或切碎後加入餅乾麵糰或蛋糕麵糊，可增加香氣和食用時的口感。

7 八角
中藥材的一種，具特殊的香氣，使用少量搭配巧克力，會有意想不到的風味。

8 腰果
常用的堅果類食材，可加入麵糰製成餅乾增加口感和嚼勁，也可加入慕斯的蛋糕體中。

巧克力類

1 法國法芙娜70%Guanaja巧克力
使用百分之百純正可可油，加砂糖、鮮奶油粉和天然香草製成。70%是指可可脂佔的比例，越高越純。口感不甜微酸。

2 法國法芙娜55%Equatoriale Noire苦甜巧克力
55%是指可可脂佔的比例，越高越純。口感不甜稍帶苦味的巧克力。

3 法國法芙娜66%Caraibe巧克力
66%是指可可脂佔的比例，越高越純。口感已偏向帶苦、酸味的巧克力。

4 法國法芙娜40%Jivaralactee牛奶巧克力
可可脂含量45%以上，即稱黑巧克力，但不一定可可脂比例越高，顏色越黑。牛奶巧克力是添加奶粉或煉乳製成的巧克力。

5 比利時Callebaut70%黑巧克力
比利時品牌巧克力，可可脂高達70%的黑巧克力。

6 比利時Callebaut 33.5%Milk牛奶巧克力
比利時品牌巧克力，添加奶粉或煉乳製成的巧克力。

7 比利時Callebaut白巧克力
比利時品牌白巧克力。未使用可可豆，而是用可可脂或可可油、香料、牛奶和糖調味而成，所以為白色。

果泥類

1 芒果果泥
香醇且濃度高，微酸甜味。可用在點心內餡、水果口味點心或冰淇淋上。

2 橘子果泥
香醇且濃度高，酸味較重。可用在點心內餡、水果口味點心或冰淇淋上。

3 覆盆子果泥
香醇且濃度高，酸味較重。可用在點心內餡、水果口味點心或冰淇淋上。

4 百香果果泥
如同吃到真的百香果，微酸甜味。可用在點心內餡、水果口味點心或冰淇淋上。

5 杏桃果泥
香醇且濃度高，微酸甜味。可用在點心內餡、水果口味點心或冰淇淋上。

6 香蕉果泥
香醇且濃度高，天然的香蕉香氣。可用在點心內餡、水果口味點心或冰淇淋上。

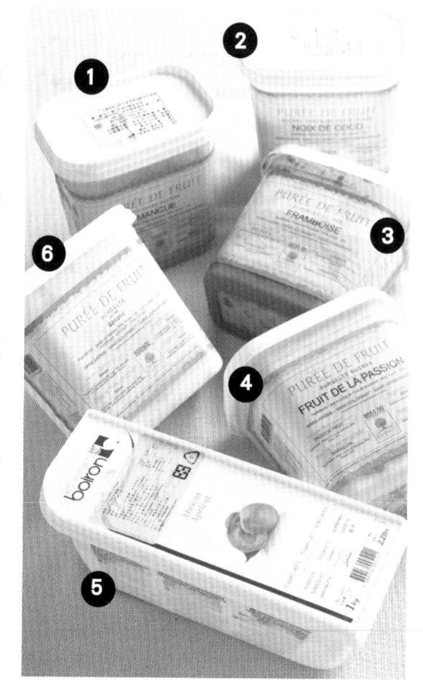

8 比利時Belcolade
鈕釦型巧克力80%黑巧克力
常見的烘焙材料，80%的錢幣形狀黑巧克力，可製作點心內餡或加入麵糊中。

9 比利時Belcolade
鈕釦型巧克力36%巧克力
常見的烘焙材料，36%的錢幣形狀巧克力，可製作點心內餡或加入麵糊中。

10 比利時Belcolade鈕釦型
巧克力Milk35%巧克力
常見的烘焙材料，35%的錢幣形狀巧克力，可製作點心內餡或加入麵糊中。

11 瑞士Corma
50%黑巧克力
瑞士品牌巧克力，可可脂達50%的黑巧克力，可製作點心內餡或加入麵糊中。

12 瑞士Corma
Milk33%巧克力
瑞士品牌巧克力，可可脂達35%的巧克力，可製作點心內餡或加入麵糊中。

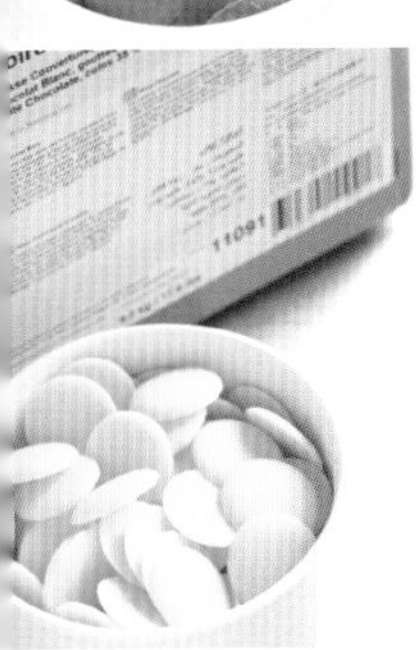

13 法國米歇爾
小豆粒形
Michel Cluizel
82%巧克力
來自法國，82%的小豆粒形狀巧克力，可製作點心內餡或加入麵糊中。

14 義大利最高等級Amedei
喬歐70%可可磚
來自義大利，70%的可可磚，可切碎隔水加熱融化成液體，製作點心內餡或加入麵糊中。

*15*義大利最高等級Amedei
喬歐75%可可磚
來自義大利，75%的可可磚，可切碎隔水加熱融化成液體，製作點心內餡或加入麵糊中。

*16*非洲迦納可可豆100%
CocoaButter可可脂
淡黃色，粒狀的可可脂，是從可可豆中提取出來的可食用植物性脂肪，多用來製作巧克力糖果和點心。

17 比利時Callebaut Mycryo
可可脂粉
淡黃色，粉狀的可可脂，是從可可豆中提取出來的可食用植物性脂肪，多用來製作巧克力糖果和點心。

其他

1 軟糖果膠
軟糖果膠，又叫軟糖膠，就是黃色果膠粉（pection），是粉狀，可於大一點的烘焙行購買或請原料商代為訂購。

2 葡萄糖漿
葡萄糖漿的作用在於防止結晶和增加透明度，可在烘焙行買得到。

3 吉利丁片
由動物膠質或海中的藻類提煉出的物質而製成，需放入冰水中泡軟後才可使用，多用在慕斯、果凍、布丁或其他需凝固的點心。

4 塔塔粉
可用來煮化糖漿和蛋白鹼性，在打發蛋白時加入塔塔粉，可增強其韌性。

5 泡打粉
白色細粉末狀，屬於一種膨大劑，加入麵糊、麵皮中可使其達到膨脹的效果，使蛋糕有彈性，組織更細密。

6 煮式卡士達粉
煮式卡士達粉就是熱拌卡士達粉，不同於一般加入水攪匀成餡，需將水份加熱煮滾，才能拌匀成餡料。

7 黑芝麻醬
以熟黑芝麻加上糖製作而成的醬，可做點心的餡料、沾裹麵包直接食用。

刀、攪拌、盆類

1 刷子
專門用來刷液體材料，像糖水、果醬、餡料等，以刷子較能刷得平均。也可強化點心表面的光澤和口感，用畢洗淨，放在陰涼通風處晾乾即可。

2 打蛋器
手動式打蛋器、攪拌器，製作點心不可缺的工具。通常用在攪拌蛋白霜、鮮奶油液體、蛋黃液等。

3 抹刀
可將奶油餡、餡料平整均一地抹在蛋糕體上，此外，因底部平且直，也可用來剷起蛋糕塊或慕斯塊，避免破壞成品外觀。

4 長柄橡膠刮刀
橡皮製的長柄刮刀，具有彈性好操作，易於清洗和收納。通常用來做拌合或切的動作。

5 巧克力攪拌匙
專門用在攪拌融化後的巧克力液的工具，塑膠製品易於清洗和收納。

6 蛋糕鋸齒刀
有著長長的鋸齒型刀刃，專門用來切蛋糕的刀子，以此切蛋糕體，蛋糕的剖面才會整齊漂亮。

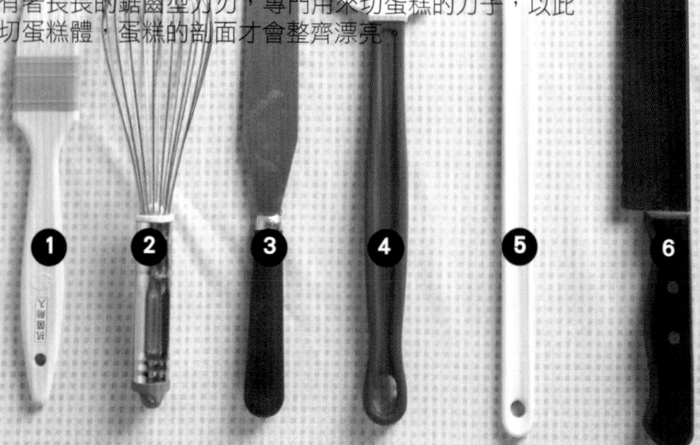

7 電動攪拌器
電動式的打蛋器、攪拌器，分為直立式和手提式兩種，是製作點心不可缺的工具。尤其用在打蛋白霜或大量材料的時候，幫助攪拌更省力。

8 攪拌缸
電動攪拌器附的攪拌鋼盆，以直立式攪拌器而言，攪拌缸的高度需配合機器高度，用畢以水洗淨晾乾即可。

9 鋼盆
鋼盆、容器。建議家中可準備數個不同尺寸的鋼盆，方便置放各種容量的材料，用畢以水洗淨晾乾即可。

10 攪拌刀
電動攪拌器附的攪拌刀，有塑膠製、不鏽鋼製的產品，形狀依品牌而有網狀、槳狀的差別，多用在攪拌蛋、奶油等。

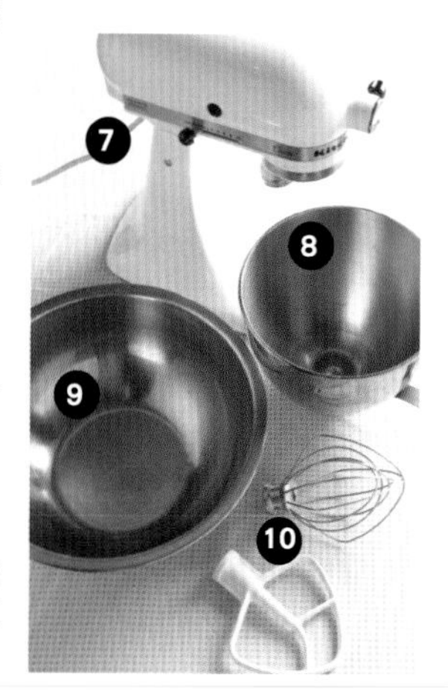

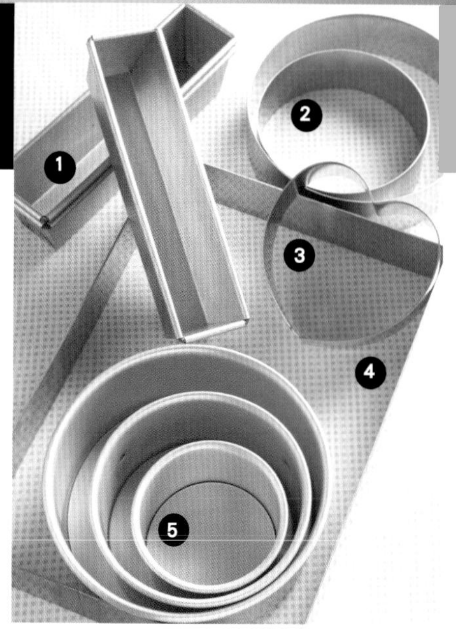

模型類

1 壽糕模（長條模）
有底非空心的模型，專門用來製作長條蛋糕的模型，用畢以水洗淨晾乾即可。

2 圓慕斯框
最常使用到的圓形空心慕斯框，依直徑有各種尺寸的產品，用畢以水洗淨晾乾即可。

3 心型慕斯框
變化款的愛心空心慕斯框，用畢以水洗淨晾乾即可。

4 長方形慕斯框
長方形的空心慕斯框，有各種尺寸的產品，用畢以水洗淨晾乾即可。

5 圓蛋糕模
有底，專門用來製作傳統圓形蛋糕的模型，依直徑有各種尺寸的產品，用畢以水洗淨晾乾即可。

6 矽膠小深圓軟模
以矽膠（矽利康）製成，具有深度的小圓軟模，可製作小圓蛋糕或餅乾。

7 矽膠中圓軟模
以矽膠（矽利康）製成，具有深度的中圓軟模，可製作稍大一點的圓蛋糕或餅乾。

8 矽膠大淺圓模
以矽膠（矽利康）製成，深度較淺的大圓軟模，可製作稍大一點的圓蛋糕或庫利等。

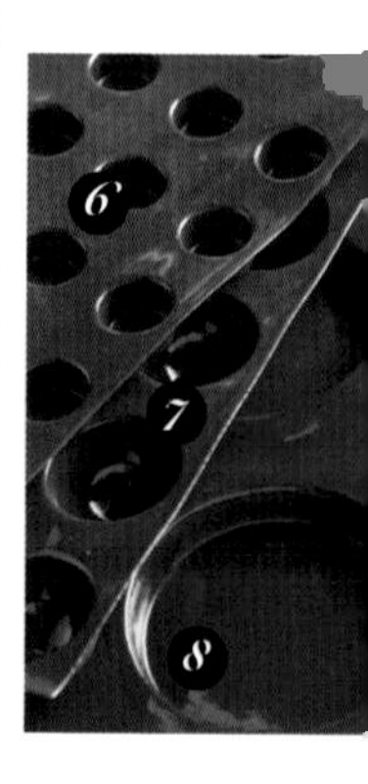

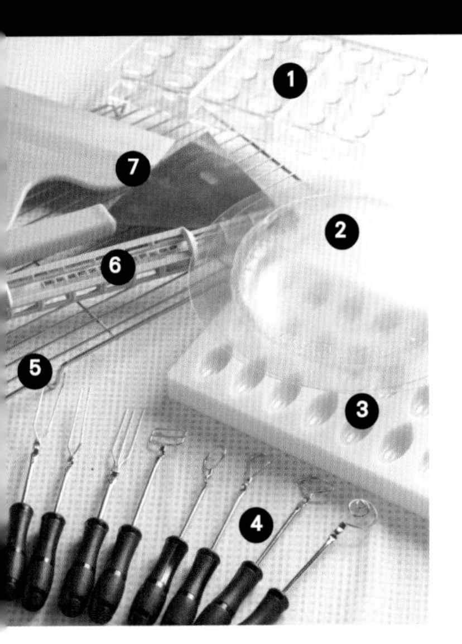

其他

1 巧克力小型模
透明塑膠製的巧克力模型，只要灌入巧克力液，待其變硬取出即成可愛巧克力。

2 巧克力大型模
尺寸較大的矽膠半圓模，可用在製作巧克力，或者慕斯蛋糕，可將兩個半圓模合成為一個圓模。

3 瑪德蕾尼模型
專門用來製作瑪德蕾尼小點心的模型，貝殼的模樣非常容易辨識，可一次倒入麵糊，同時製作多個成品。

4 巧克力刮花裝飾工具
不同尺寸、形狀的工具，可在巧克力點心表面畫出各種不同的線條或圖案。

5 巧克力網架
用來置放剛完成的巧克力製品，使外表的巧克力液能順利滴下，並使巧克力製品外觀美麗、不黏手。

6 溫度計
耐熱，專門用來測量烹煮液體、果泥、巧克力液或麵糰等的溫度，因製作某些點心需掌握確切的溫度，是烘焙點心必備的工具。

7 方形、三角刮刀
不鏽鋼製的刮刀，形狀略有不同。通常用來做拌合麵糊或切割麵糰的動作，以及刮淨鋼盆內的材料。

8 漏斗
巧克力液、液體餡料等可利用漏斗灌入其他材料中，防止液體流至桌面，維持工作檯的整潔。也可做麵糊過篩。

9 刮板
一體成形的塑膠刮板，可直接握進手掌之中，更利於操作。

10 小淺盆
盆緣較淺、開口較大的鋼盆，可準備多個尺寸，依材料的量選擇尺寸來使用，用畢以清水洗淨晾乾即可。

11 過濾網
依網眼大小可分成篩液體和粉類的工具，用來過篩麵粉、分離固、液體相當方便，實用的工具。

12 量杯
用來測量液體的杯子，多為透明玻璃或半透明塑膠製品，杯上刻有詳細的刻度，量取材料最重要的工具之一。

13 煮鍋
有單柄和雙柄的煮鍋，多用來煮液體材料，可選擇較深的煮鍋，避免加熱過程中液體濺出煮鍋。

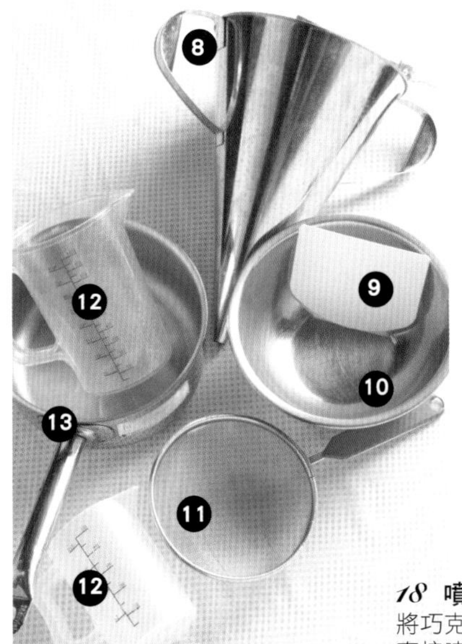

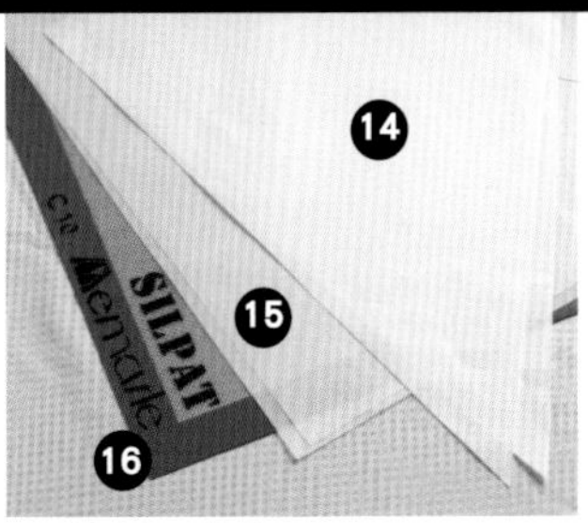

14 擠花三角紙
專門用來盛裝餡料、奶油霜、蛋白霜等，搭配擠花嘴，可擠出不同形狀。

15 易脫模烤盤紙
外觀像白報紙，多鋪在烤盤上、模型內，可避免麵糊、蛋糕體或餅乾等沾黏到烤盤，輕而易舉就能脫膜，取出漂亮的點心。用一次即可丟棄。

16 矽膠烤墊
防沾黏、耐高溫。可以清水清洗，並重複使用的烤盤墊，除了烤盤紙的功能外，還可擺在工作檯上，在上面操作，避免弄髒桌面。

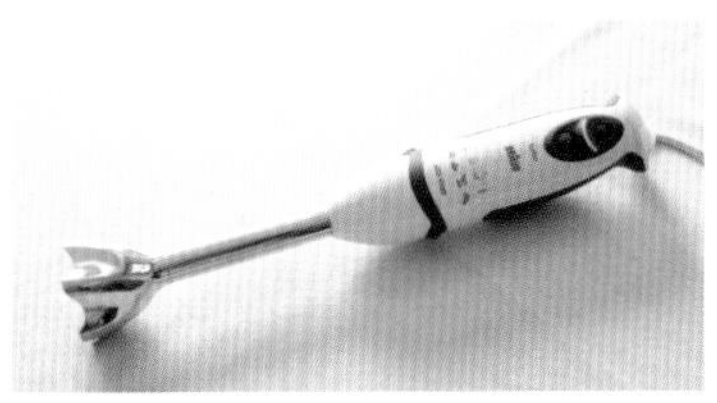

17 均質機（手持食物調理攪拌器）
利用均質機乳化液體材料，可使液體乳化得更均勻、更細緻。像乳化巧克力、慕斯餡料時，可避免拌入過多的空氣，導致組織過於膨鬆，氣孔太大而影響口感，此時可使用均質機。不過，並非可以完全取代電動攪拌器使用，需特別注意。還可用在製作嬰幼兒食品、奶昔、蔬菜泥、醬汁等。可在好市多或者百貨公司販售電動攪拌器的店家購得。

18 噴槍
將巧克力液等液體裝入噴槍中，可直接噴在蛋糕體上，使液體更能均勻覆蓋在蛋糕體上，成品外觀更漂亮。也可用來噴火，形成法式烤布丁上的焦糖等。

19 糖度計
又叫光譜測糖器。專門用來測定餡料、巧克力液、酒類或其他液體實際糖的濃度，即含糖量。可在化工行或網路拍賣購買。

Mousse
慕斯

由一層層餅乾、內餡、蛋糕組合而成的慕斯點心，
既華麗又美味，悠閒的下午茶中少不了這些主角們！

克里斯托 Pear Chocolate Mousse

羽絨白天使 Fromage Blanc

蘿斯雅 Rose Cheese Mousse

法式奴加蜜杏慕斯 Honey Mousse with Apricot Jelly

覆盆子歐培拉 Raspberry Opera

卡瑪露 Milk Chocolate Mousse with Mango Jelly

艾薇亞朵 Yuzu Hazelnut Mousse

瑪斯特 Mascarpone Strawberry Jelly Mousse

香戀 Mandarin White Chocolate Mousse

金色仲夏 Mango Cheese Mousse

西森米提雅 Sesame Tira Mousse

法朵 Passion Fruit Chocolate Mousse

Pear Chocolate Mousse

克里斯托

這個巧克力慕斯克里斯托，完全不加吉利丁，而是利用高可可脂的巧克力為凝結材料而。入口即化的口感，搭配香草洋梨和帶酸的水果內餡，以及有咀嚼感的榛果脆片，是一次就能嘗得到多層次美味的甜點。

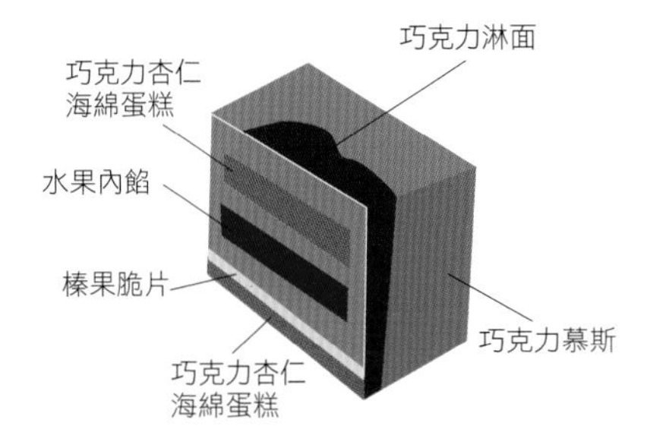

份量	50個
模型	5.5×5.5公分 空心慕斯模
上火/下火	上火200℃/ 下火200℃
單一溫度烤箱	200℃
烘烤時間	18分鐘
賞味期間	冷藏3天

※製作巧克力杏仁海綿蛋糕片時，需用到烤箱。

材料

炒洋梨

新鮮西洋梨……………………3顆
蜂蜜…………………………50g.
細砂糖………………………15g.
香草莢………………………1/4支

水果內餡

波美糖水………………115c.c.
吉利丁片……………………6g.
2℃冰開水………………20c.c.
杏桃果泥……………………55g.
覆盆子果泥…………………55g.
檸檬汁………………………3c.c.

榛果脆片

牛奶巧克力………………100g.
奶油…………………………35g.
無糖榛果醬…………………40g.
薄餅脆片……………………165g.
榛果巧克力…………………60g.

巧克力慕斯

53.8%苦甜巧克力………155g.
馬達加斯加66%巧克力…55g.
波美糖水……………………95c.c.
蛋黃…………………………60g.
動物性鮮奶油……………385g.

其他

巧克力杏仁海綿蛋糕……適量

01 Sweet Pear 製作炒洋梨

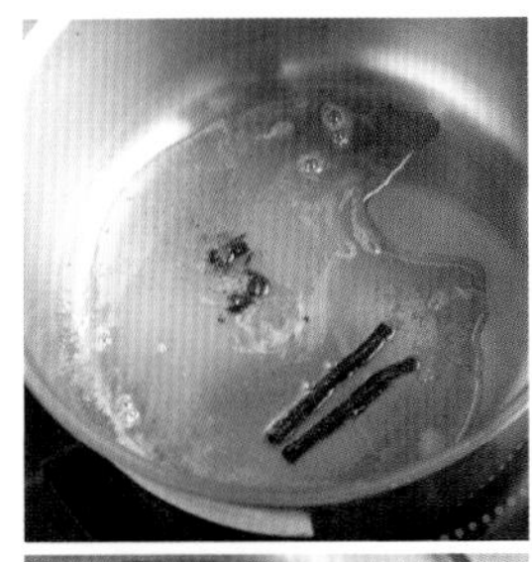

1. 糖、蜂蜜倒入鍋中，加入已剖開的香草莢和香草籽，煮至微焦化。

2. 西洋梨剖半後切小塊，倒入煮焦化的糖熗炒，炒至香味出現，收汁，冷藏使其冷卻。

02 Fruit Stuffing 製作水果內餡

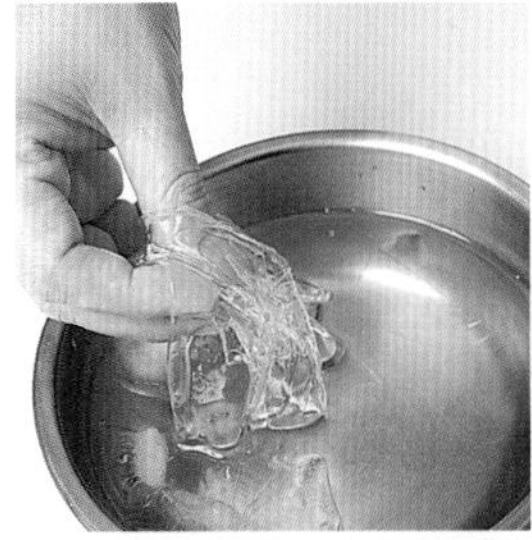

1.2℃冰開水倒入盆中，放入吉利丁片泡約20分鐘至軟。

2.波美糖水做法參照p.23。將波美糖水和覆盆子果泥倒入鍋中，煮至60℃。加入吉利丁片融勻。＊1

3.加入檸檬汁、杏桃果泥拌勻，灌入底部包覆了保鮮膜的空心慕斯模內，約0.5cm滿，再放入炒洋梨，放入冰箱冷藏。

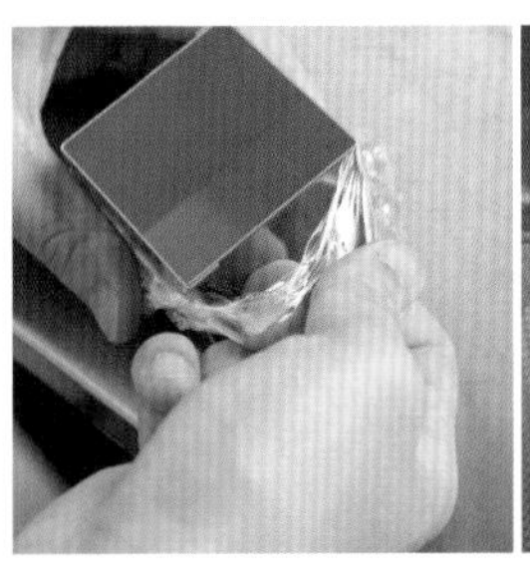

Hazelnut Flakes Barrey

製作榛果脆片

1.榛果巧克力、牛奶巧克力混合，倒入盆內與薄餅脆片混勻。加入融化奶油、榛果醬攪拌均勻。

2.將拌好的巧克力脆片倒入方模內做底，壓緊實，放入冰箱冷凍變硬即成。

04

Chocolate Mousse

製作巧克力慕斯

1.波美糖水做法參照p.23。波美糖水倒入鍋中煮滾，沖入蛋黃盆中拌勻，再倒回剛才的煮鍋，用小火邊加熱邊攪拌至82℃。**＊2**

2.苦甜巧克力、馬達加斯加巧克力倒入鍋中，隔水加熱融化至45℃。

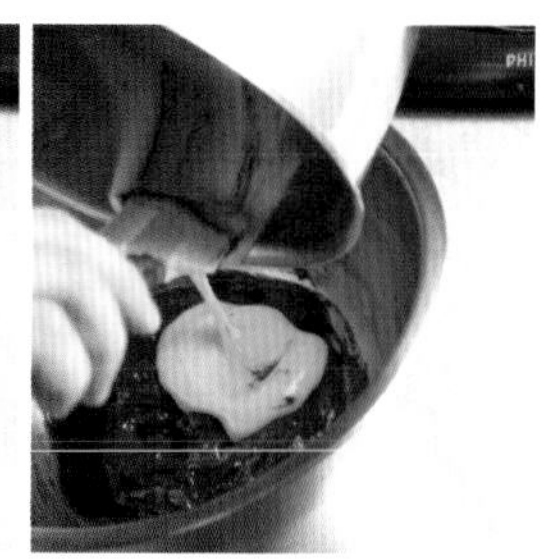

3.將波美蛋黃液分次沖入巧克力液中拌勻，溫度保持在35℃～38℃。

4

鮮奶油打到六分發，即觀察稍微出現紋路即可。**＊3**

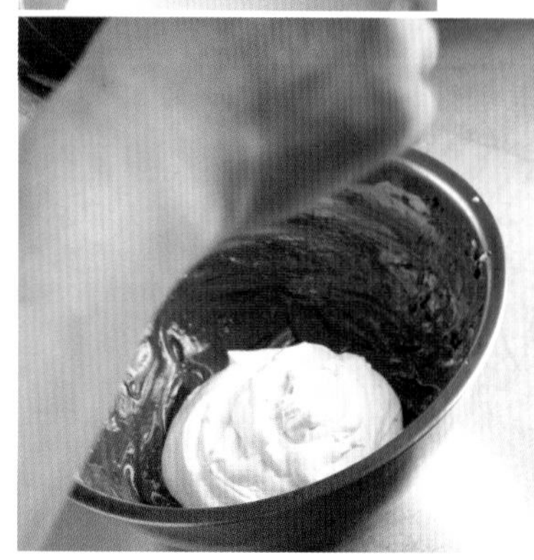

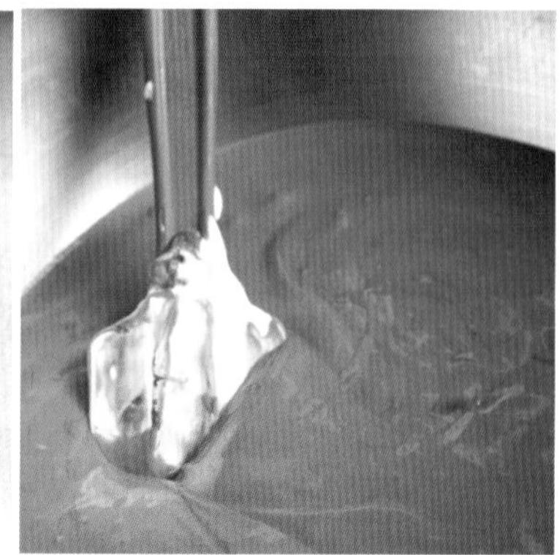

5

打發的鮮奶油分次拌入做法3.中攪拌，輕輕攪拌至完全均勻。

05 Mix 組合

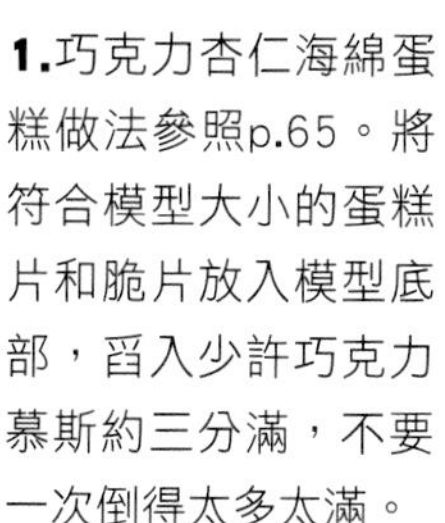

1.巧克力杏仁海綿蛋糕做法參照p.65。將符合模型大小的蛋糕片和脆片放入模型底部，舀入少許巧克力慕斯約三分滿，不要一次倒得太多太滿。

2 以小抹刀將慕斯從底部往上面刮，防止在慕斯的表面產生氣泡。

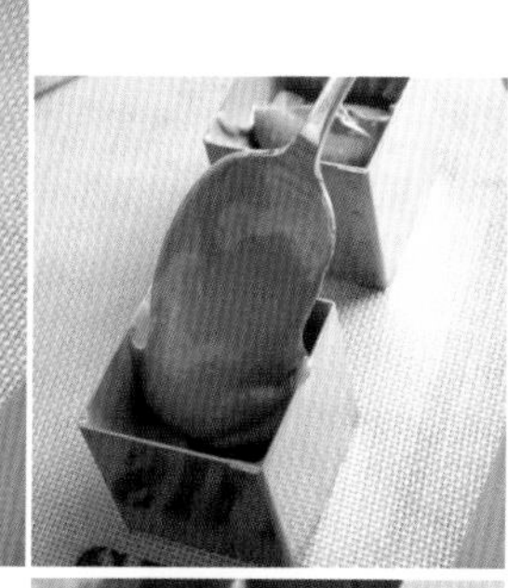

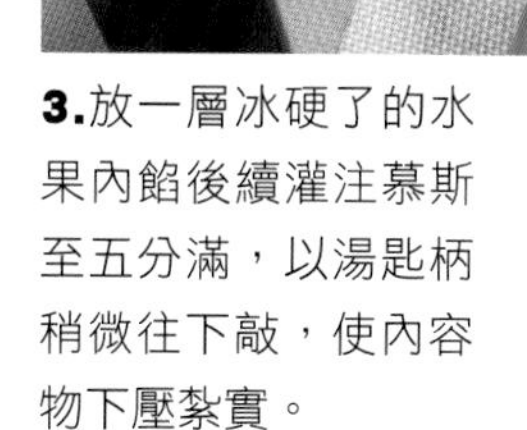

3.放一層冰硬了的水果內餡後續灌注慕斯至五分滿，以湯匙柄稍微往下敲，使內容物下壓紮實。

4 再放入一片巧克力杏仁海綿蛋糕片，灌入巧克力慕斯至滿，抹平後放入冰箱冷凍60分鐘（分二次冷凍），待成型後取出裝飾即成。＊4

chef's secret 大廚的秘訣

＊1 製作水果內餡時，一般人為避免失敗率，初學者最好將波美糖水煮滾，先加吉利丁片融化，再加入覆盆子、杏桃果泥拌勻為佳。

＊2 製作巧克力慕斯煮滾蛋黃、糖水時，注意須不停攪拌，溫度一升至82℃就熄火離鍋，才能使成品成功，應備好烘焙專用的溫度計用來隨時測溫。

＊3 動物鮮奶油打到六分發，是指攪拌至鮮奶油的邊緣出現紋路。

＊4 整型灌滿巧克力慕斯後，可冷凍30分鐘後取出，糕點表面因熱脹冷縮會稍再下陷，這時可再次加進巧克力慕斯並抹平，二度冷凍30分到表面變紮實，能使成品品項更佳。

＊5 製作巧克力杏仁海綿蛋糕片時，蛋白、細砂糖打至七分發，是指以手指勾起蛋白霜，它的尖端呈現彎曲垂下的狀態。而此處蛋糊要分次拌入，是因為奶油和少量蛋糊可起乳化動作，能減少麵糊拌不勻的狀況，才不易消泡。

Fromage Blanc

羽絨白天使

在這道羽絨白天使的起司慕斯裡，你不單只嘗到了奶油起司，還有口味特殊的義式起司。一小口慕斯，同時出現了濃郁且順口的酸味和清香味，給味蕾極大的滿足，尤其深受女性們的歡迎。

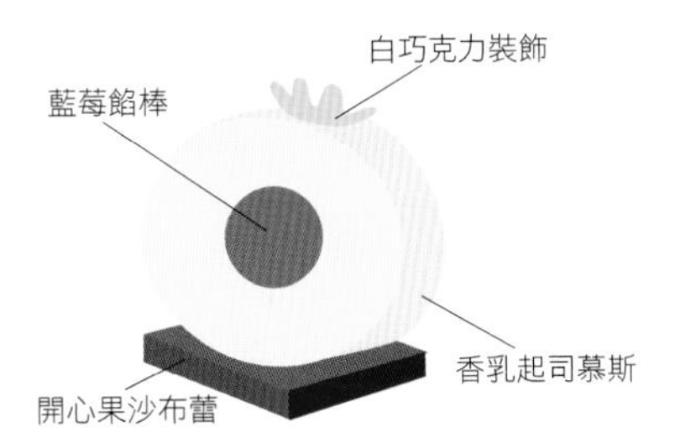

份量	4個
模型	投影片捲成小圓柱狀和長圓柱模型
上火/下火	上火170℃/下火160℃
單一溫度烤箱	170℃
烘烤時間	18～20分鐘
賞味期間	冷藏3天

※製作沙布蕾需用到烤箱

材料

藍莓餡棒

- 冷凍藍莓粒……200g.
- 細砂糖……90g.
- 吉利丁片……10g.
- 2℃冰開水……60c.c.
- 葡萄糖漿……25c.c.
- 水果餡粉……13g.
- 新鮮檸檬汁……5c.c.

開心果沙布蕾

- 奶油……70g.
- 二砂糖……80g.
- 香草精……1g.
- 動物性鮮奶油……15g.
- 低筋麵粉……105g.
- 杏仁粉……105g.
- 開心果碎……20g.

香乳起司慕斯

- 馬斯卡邦起司（Mascarpone Cheese）……250g.
- 奶油起司（Cream Cheese）＊4……250g.
- 糖粉……50g.
- 蛋黃……100g.
- 細砂糖……75g.
- 礦泉水……25c.c.
- 吉利丁片……15g.
- 2℃冰開水……95c.c.
- 打發的動物鮮奶油……500g.

其他

- 藍莓……數顆
- 新鮮迷迭香草……適量
- 白巧克力噴液……適量

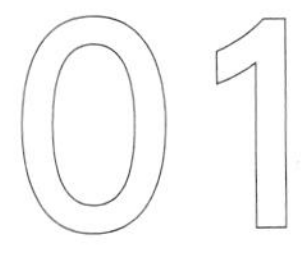

01 製作藍莓餡棒 Blueberry Jam

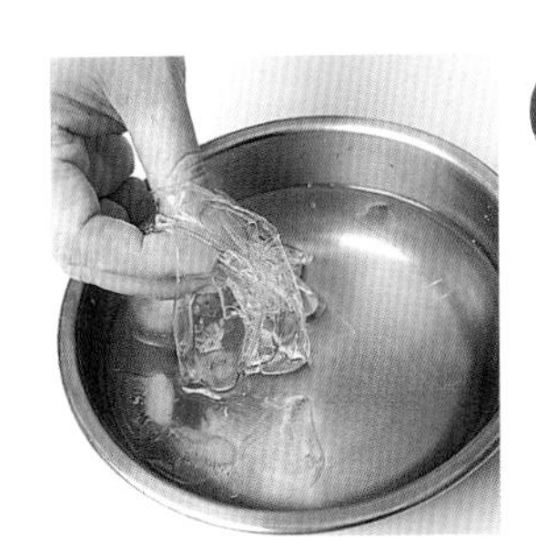

1. 2℃冰開水倒入容器中，加一點冰塊，使溫度至約2℃，放入吉利丁片泡約10分鐘至軟。＊1

2. 細砂糖、水果餡粉倒入盆中先混勻，再倒入煮滾的冷凍藍莓粒拌勻，以防止結粒。

3. 將藍莓粒倒回煮鍋，加入葡萄糖漿煮滾後攪拌（加熱過程中攪拌）。加入吉利丁片拌勻，續入新鮮檸檬汁降溫至30℃即成。

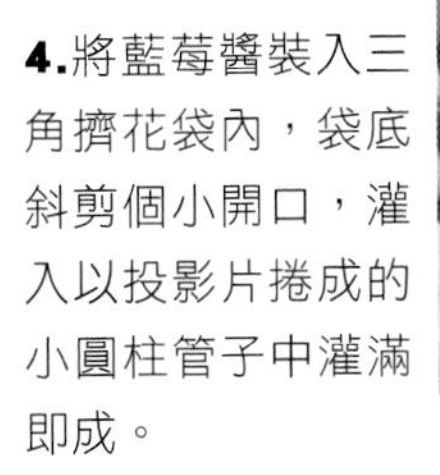

4. 將藍莓醬裝入三角擠花袋內，袋底斜剪個小開口，灌入以投影片捲成的小圓柱管子中灌滿即成。

02 Pastachio Sables
製作開心果沙布列

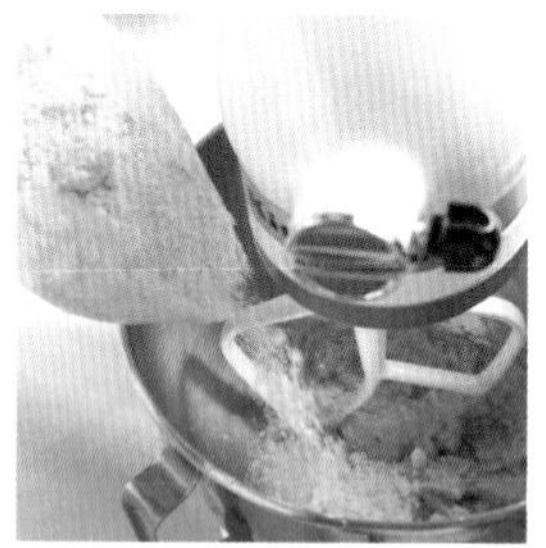

1.奶油、二砂糖、香草精倒入盆內拌勻，加入混合了的低筋麵粉、杏仁粉拌勻。

2.加入鮮奶油、開心果碎攪拌均勻成麵糰。

3.將麵糰倒在墊上，揉勻後擀平，再將麵糰的四邊修整齊。

4.以量尺將扁平的麵糰切成一塊塊8×4公分的長方塊。

5.小心鏟起麵糰放入烤箱，以上火170℃、下火160℃烤18～20分鐘，烤呈金黃色的酥餅即成。

03 Cheese Mousse
製作香乳起司慕斯

1.奶油起司先拌軟，加入糖粉攪拌均勻。

2 蛋黃打六分發，細砂糖加25c.c.的水煮至115℃～117℃後沖入蛋黃拌勻。＊2

3 將蛋黃糖液打到全發，即以攪拌器勾起蛋黃液麵糊呈現稍白，且緩慢流下的狀態。

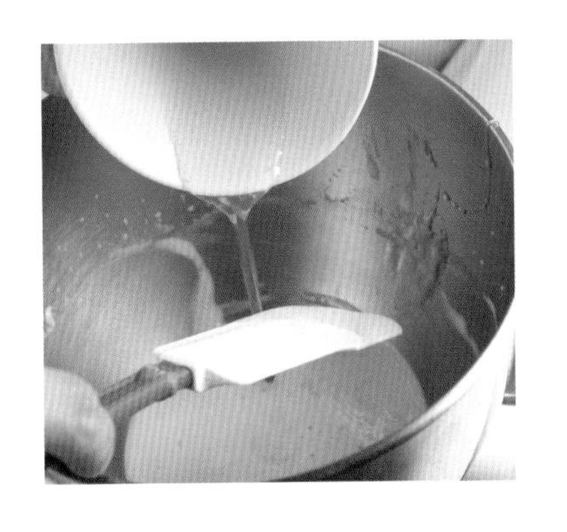

2℃冰開水倒入容器中，放入吉利丁片泡約10分鐘至軟，再放入微波爐中加熱融化至50℃時，加入全發的蛋黃液，先拌入馬斯卡邦起司內，再將做法1.拌入（溫度需一直保持在28℃）。*2

5.將打發的鮮奶油拌入做法4.中即成。

04 Mix 組合

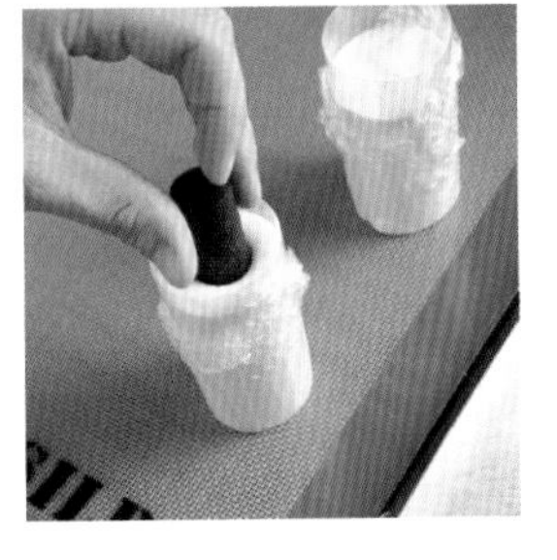

1.香乳起司慕斯裝入三角擠花袋中，擠到空心的長圓柱模內至八分滿，放入藍莓餡棒。

2.將香乳起司慕斯注滿，放入冰箱冷凍。

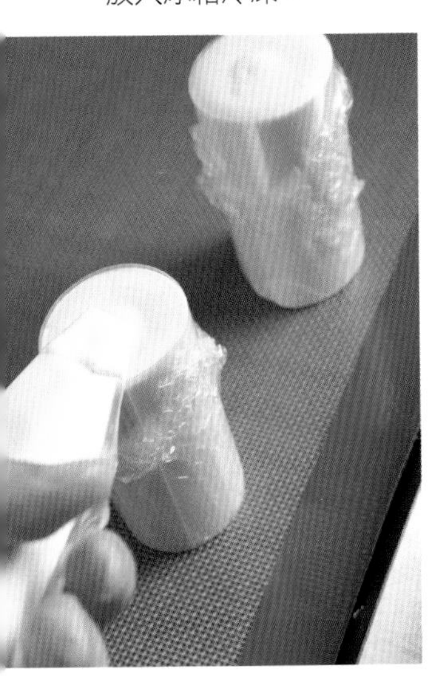

3.白巧克力噴液做法參照p.53。

4.以開心果沙布蕾作底，放上香乳起司慕斯，噴上白巧克力噴液，以藍莓、迷迭香裝飾表面即成。

chef's secret 大廚的秘訣

***1** 使用礦泉水的原因是可直接飲用、做糕點，不需再煮過、放冷，可以冷藏後即達到所需的溫度，亦可使用2℃冰開水。

***2** 吉利丁片放入微波爐中加熱，需看量的多少和微波爐的功率來判定需多少時間，以材料中的15g.來說，一般家用的微波爐約需12秒的時間融化。

***3** 蛋黃打到六分發，是指即以攪拌器勾起蛋黃液麵糊，呈現稍還有直流下的狀態。

***4** 奶油起司因是從冰箱剛取，會有點硬，可放在室溫下直到以手指可壓入的軟度，或者切成小丁再放入攪拌鋼中打軟。

***5** 可在點心完成後，噴上白巧克力噴液做裝飾，看起來較有質感，亦可不噴，不會影響到口感。

Rose Cheese Mousse

蘿斯雅

蘿斯雅，就是玫瑰起司慕斯蛋糕。美麗的玫瑰散發出陣陣芳香，除欣賞外，還常用於點心、糖果的製作。法國普羅旺斯更是以玫瑰製作花瓣醬、糖漬或夾心甜點的重鎮。玫瑰香甜酒可做奶油類或起司類慕斯蛋糕的麵糊，讓人一口吃到新鮮花香。

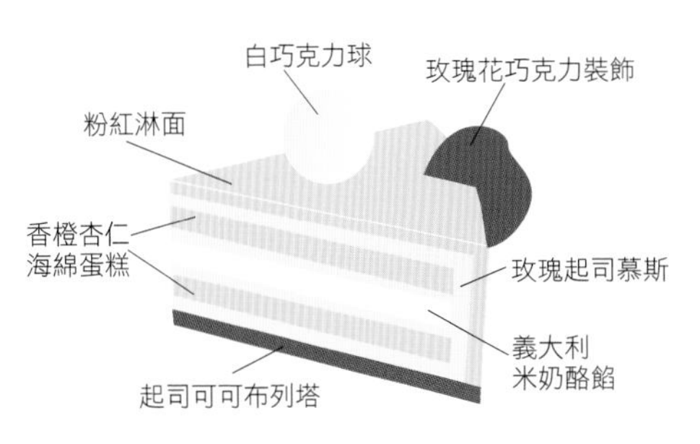

份量	1個
模型	6吋空心圓慕斯框
上火/下火	上火200℃/下火190℃ （香橙杏仁海綿蛋糕） 上火170℃/下火170℃ （起司可可布列塔）
單一溫度烤箱	200℃ （香橙杏仁海綿蛋糕） 165℃ （起司可可布列塔）
烘烤時間	12～15分鐘 （香橙杏仁海綿蛋糕） 20分鐘 （起司可可布列塔）
賞味期間	冷藏3天

※製作香橙杏仁海綿蛋糕、布列塔需用到烤箱

材料

波美糖水

- 細砂糖……………1,350g.
- 水…………………1,000c.c.

玫瑰起司慕斯

- 蛋黃…………………120g.
- 檸檬汁…………………8c.c.
- 奶油起司………………550g.
- 無糖優格………………100g.
- 玫瑰醬…………………30g.
- 蛋白…………………160g.
- 細砂糖…………………200g.
- 水…………………60c.c.
- 吉利丁片………………20g.
- 2℃冰開水……………120c.c.
- 荔枝酒…………………25c.c.
- 打發的動物性鮮奶油…700g.

起司可可布列塔

- 蛋黃…………………60g.
- 細砂糖…………………140g.
- 軟化奶油………………150g.
- 起司粉…………………30g.
- 鹽…………………2g.
- 低筋麵粉………………180g.
- 泡打粉…………………15g.
- 可可皮…………………40g.

義大利米奶酪餡

- 義大利米…………………50g.
- 牛奶…………………400c.c.
- 牛奶…………………20c.c.
- 柳橙汁…………………25c.c.
- 香草莢…………………1/2支
- 新鮮橙皮…………………25g.
- 蛋黃…………………1個
- 細砂糖…………………20g.
- 吉利丁片…………………2g.
- 冷藏2℃開水……………12c.c.
- 君度橙酒…………………10c.c.
- 動物性鮮奶油……………100g.

香橙杏仁海綿蛋糕

- 香吉士…………………1顆
- 全蛋…………………125g.
- 糖粉…………………90g.
- 日本低筋麵粉……………15g.
- 高筋麵粉…………………15g.
- 杏仁粉…………………90g.
- 蛋白…………………125g.
- 細砂糖…………………40g.
- 奶油…………………25g.

粉紅淋面

- 動物性鮮奶油……………175g.
- 牛奶…………………75c.c.
- 葡萄糖漿…………………90g.
- 吉利丁片…………………5g.
- 2℃冰開水…………………30c.c.
- 蛋黃…………………45g.
- 白巧克力…………………200g.
- 紅色可可脂色素…………少許

Brix 30

製作波美糖水

水倒入鍋中煮滾，加入細砂糖再煮滾即成。

02 Rose Cheese Mousse

製作玫瑰起司慕斯

1.將波美糖水倒入鍋中煮滾，加入蛋黃，再回煮到82℃時，打到微發成蛋黃糊（稍呈淺黃色）。

2.奶油起司打軟後放入盆中，先加入無糖優格、玫瑰醬、荔枝酒，再加入以冰水泡軟的吉利丁片融化。倒入鮮奶油拌勻，再分次加入蛋黃糊拌勻，最後加入檸檬汁拌勻。

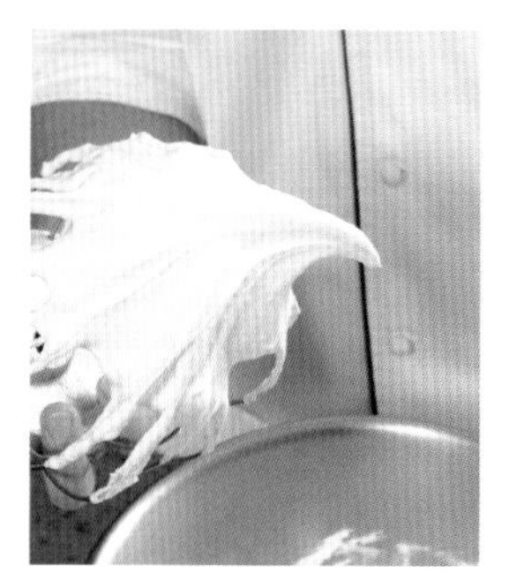

3.將160g.的蛋白倒入盆中，打至微發（三分發，稍淺黃色）。200g.的細砂糖和60c.c.的水加熱至117℃，再將熱糖水慢慢倒入微發的蛋白中，打至8～9分發，即成義大利蛋白霜。**＊1**

4.將做法2.加入義大利白霜，再拌入打發鮮奶油拌勻即成。

03 製作起司可可布列塔

Cheese Cocoa Brittahy

1.從冰箱冷藏庫取出奶油，放在室溫下直到以手指可壓入的軟度。

2.奶油、細砂糖倒入盆中拌勻（不要打發），再加入蛋黃拌勻。

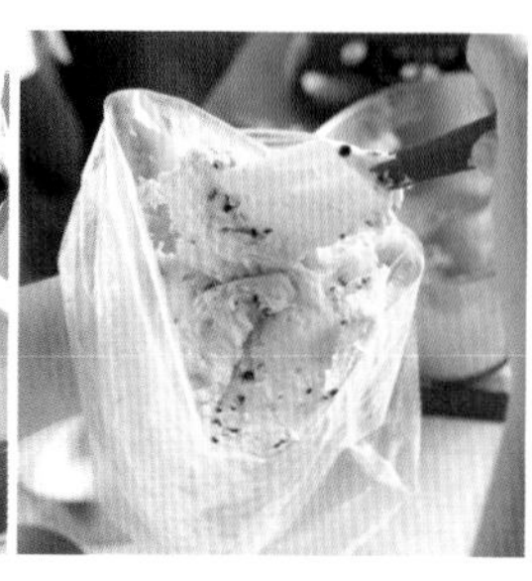

3.加入起司粉、鹽、低筋麵粉、泡打粉、可可皮拌勻成麵糊，將麵糊倒入三角擠花袋中。

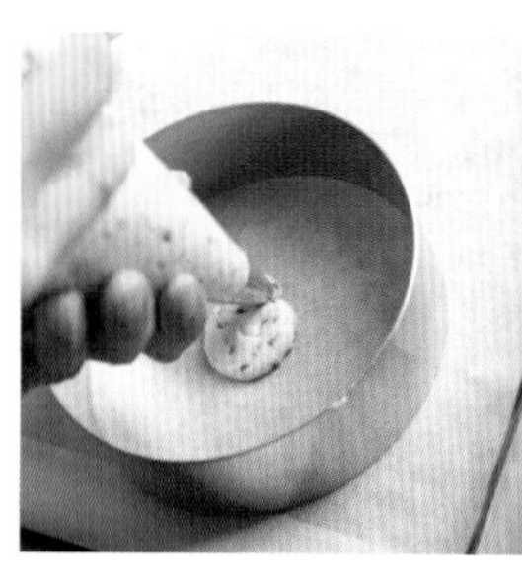

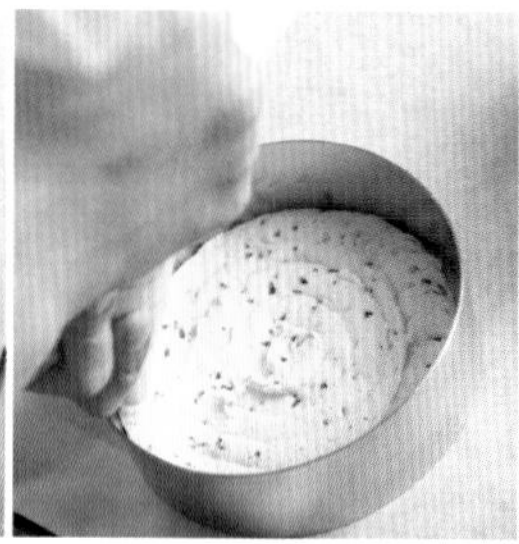

4.將麵糊擠入圓慕斯框內，放入烤箱，以上火170℃/下火170℃烤約20分鐘。

04 製作義大利米奶酪

Risotto Perilot

1 將義大利米倒入鍋中，加入400c.c.的牛奶泡約60分鐘，再煮至米心熟透。**＊2、＊3**

2.蛋黃、細砂糖倒入盆中打到微發（稍淺黃色狀）。

3.香草莢剖開，刮出香草籽後，將香草莢、柳橙汁倒入鍋煮，待煮滾時倒入20c.c.的鮮奶，回煮至82℃，再加入橙皮。

加入以2℃冰開水泡軟的吉利丁片，整個倒入另一鍋中，降溫至28℃。

5.加入蛋黃糊、君度橙酒和打發的鮮奶油拌勻，即成義大利米奶酪餡，灌入6吋模內，放入冰箱冷凍。

05 製作香橙杏仁海綿蛋糕
Orange Biscat Joconde

1.整顆香吉士放入滾水中煮透，取出去籽，用調理機打成泥狀。全蛋、糖粉倒入盆中，打至五分發（麵糊微發泡緩慢滴落），加入香吉士果泥。**＊4**

2.蛋白倒入另一盆中，分次加入細砂糖攪打，打至七分發（手指勾起會呈下垂狀），再拌入全蛋香吉士泥拌勻。取出小部分拌入融化後維持在45℃的奶油。

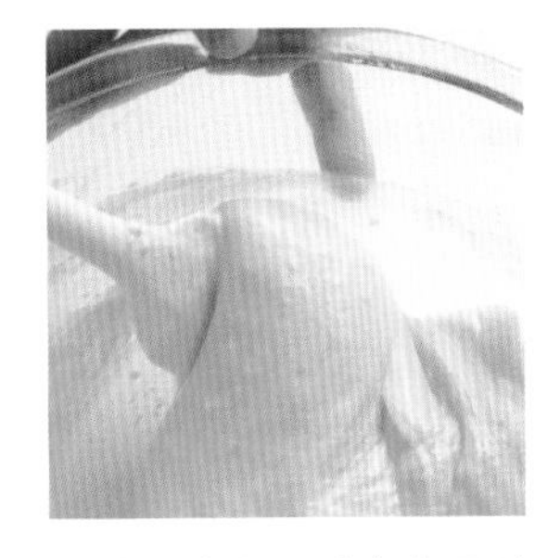

3.其餘的全蛋香吉士泥則拌入日本低筋麵粉、高筋麵粉、杏仁粉混勻，再倒回做法3.中拌勻成麵糊。麵糊倒入模型，放入烤箱，以上火200℃/下火190℃烤12～15分鐘。

06 製作粉紅淋面
Pink Glacage

將牛奶、葡萄糖漿、鮮奶油倒入鍋中煮滾，沖入蛋黃，整鍋回煮至82℃。加入以冰水泡軟的吉利丁片，再加入白巧克力碎，倒入紅色色素調色，再降溫至20～22℃即成。

07 組合
Mix

1.依序將玫瑰起司慕斯倒入慕斯模內，放入1片海綿蛋糕，放入義大利米奶酪，再放入1片海綿蛋糕，擠入玫瑰起司慕斯抹平。

2.放入起司可可布列塔酥皮脆片，等冷藏固定成型後，上下顛倒翻轉過來，使布列塔酥皮脆片當底，噴上粉紅淋面，可做裝飾。即成。

chef's secret
大廚的秘訣

＊1 製作義大利蛋白霜最常出現的失誤，在於煮糖時溫度不足或過高，倒入蛋白時速度過快，都容易失敗，需特別注意。

＊2 使用義大利米Resoto 製作較不易煮爛，會讓人吃到口感分明的顆粒 另外還可用來製作義大利米布丁、米蛋糕等點心，一般西餐材料行皆有販售。

＊3 在製作義大利米奶酪的做法4.中，1g.的吉利丁片泡10分鐘，吸水量約6g，所以，將泡好20分鐘的吉利丁片取出加入融解，才能降溫至28℃。

＊4 製作香橙杏仁海綿蛋糕時，香吉士不可切開，須整顆入滾水中煮透，直到用竹籤可輕易刺穿過，香味才能釋放出來，做出好吃的香橙味蛋糕。

Honey Mousse with Apricot Jelly

法式奴加蜜杏慕斯

融合了甜甜的焦糖杏仁、蜂蜜慕斯，以及酸味的杏桃庫利，搭配了帶咀嚼感的開心果杏仁蛋糕，多種風味盡在這片法式奴加蜜杏慕斯中。天然香甜的蜂蜜，用於法式奴加糖（牛軋糖）、水果軟糖等糖果的製作，風味令人著迷。這道點心的特點，在於加入了經過焦糖焦化拌炒杏仁的奴加（牛軋），有特殊的焦甜香味。

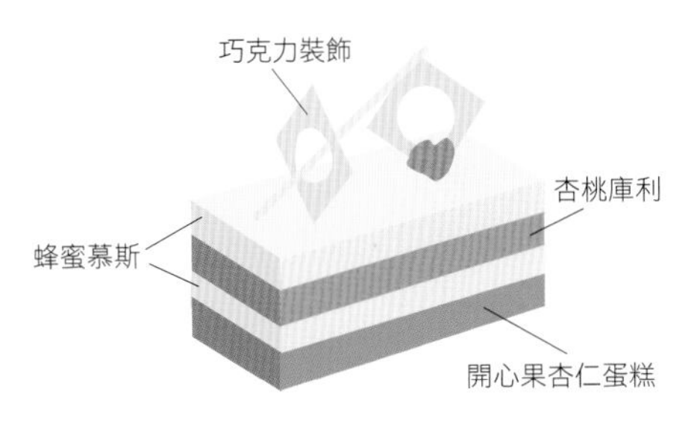

份量	1/2長方形烤盤（3盤）
模型	空心方框（60×40公分）
上火/下火	上火180℃/下火160℃（蛋糕） 上火100℃/下火100℃（開心果）
單一溫度烤箱	180℃（蛋糕） 100℃（開心果）
烘烤時間	15分鐘（蛋糕） 20分鐘（開心果）
賞味期間	冷藏3天

※製作開心果杏仁蛋糕需用到烤箱

材料

開心果杏仁蛋糕

- 65%杏仁膏＊1…………340g.
- 奶油…………105g.
- 開心果醬…………80g.
- 全蛋…………340g.
- 日本低筋麵粉…………65g.
- 泡打粉…………4g.

焦糖杏仁

- 細砂糖…………90g.
- 麥芽糖…………15g.
- 杏仁片…………100g.
- 果膠粉（pectin）…………0.2g.

杏桃庫利

- 杏桃果泥…………650g.
- 百香果果泥…………100g.
- 細砂糖…………75g.
- NH果膠…………15g.

蜂蜜慕斯

- 波美糖水…………80c.c.
- 蛋黃…………60g.
- 吉利丁片…………10g.
- 2℃冰開水…………60c.c.
- 蜂蜜…………75g.
- 細砂糖…………25g.
- 麥芽糖…………20g.
- 蛋白…………100g.
- 打發的動物性鮮奶油……350g.

什錦蜜果

- 杏桃乾…………25g.
- 小葡萄乾…………20g.
- 白蘭地酒…………35c.c.
- 開心果…………20g.
- 焦糖杏仁…………30g.

01 Pastachio Biscuit Joconde 製作開心果杏仁蛋糕

1. 杏仁膏倒入盆中，加入軟化的奶油拌勻成杏仁奶油。＊2

2.將全蛋分數次加入杏仁奶油中，每拌勻一部份，才能再繼續加入。

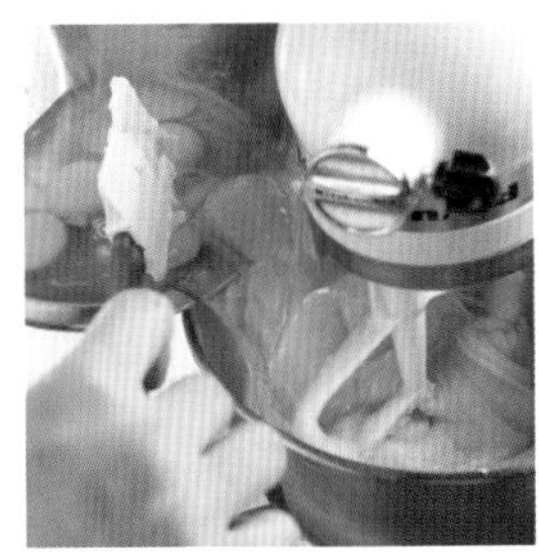

3.加入開心果醬打發，再拌入低筋麵粉、泡打粉攪拌，仔細拌勻成麵糊。

4.烤盤上鋪一層烘焙紙，放上空心方框，將麵糊倒入空心方框中。放入烤箱，以上火180℃/下火160℃烘烤15分鐘。

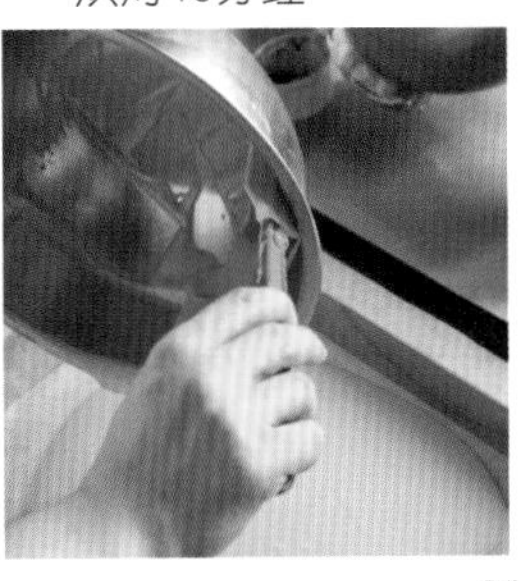

Caramel Almond

製作焦糖杏仁

杏仁擀平、切碎倒入盆中，加入果膠粉拌勻。**＊3**

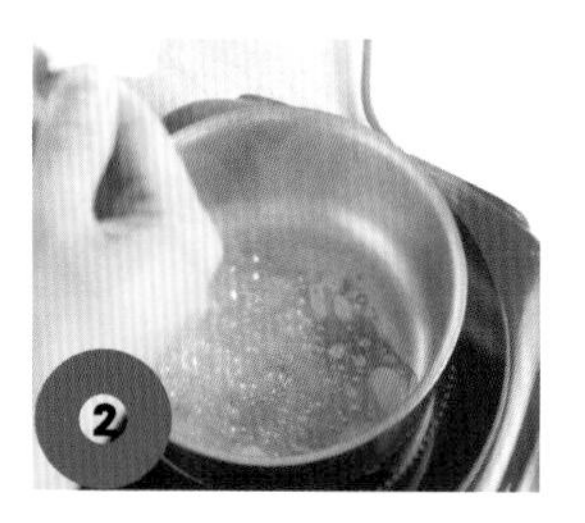

細砂糖倒入鍋中煮到微焦，加入麥芽糖煮到117℃呈焦化程度。**＊4**

3.加入杏仁碎，炒勻且到微焦。

4.將微焦的焦糖杏仁碎鋪到已鋪上一張烘焙紙的烤盤上，再墊上另一張烘焙紙，由上往下壓覆，再擀壓平，切碎。

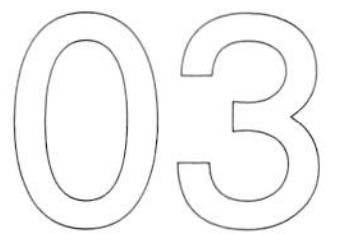

Honey Mousse

製作蜂蜜慕斯

1.波美糖水做法參照p.23。波美糖水倒入鍋中煮至滾，沖入蛋黃液盆中，再整個倒回鍋中拌勻，煮至 82℃ ，熄火拌勻。

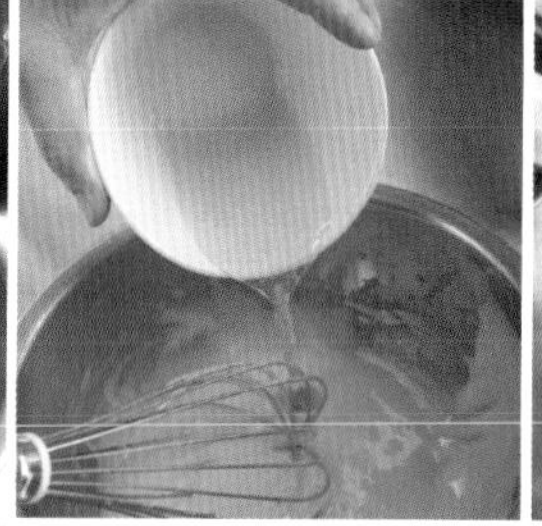

2.加入以2℃冰開水泡軟的吉利丁片。

3.蛋白倒入盆中打至五分發（蛋白發泡且氣孔粗大）。

4 蜂蜜倒入砂糖鍋中，和砂糖一起煮至119℃，倒入剛才的蛋白霜打至全發（即舀起蛋白霜，呈現尖狀細泡而不會掉落的程度）拌入蛋黃部份麵糊，再拌入打發鮮奶油，即成。

04 製作什錦蜜果 Mixed Nuts

1.杏桃乾切丁，以白蘭地酒漬過約放一天。小葡萄乾先泡白蘭地酒1天而成酒漬葡萄乾。開心果放入烤箱，以100℃烤約20分鐘，切半。焦糖杏仁切丁。

2.將什錦蜜果、焦糖杏仁碎拌入蜂蜜慕斯內。

05 製作杏桃庫利 Apricot Curenu

杏桃果泥、百香果果泥、細砂糖和NH果膠倒入鍋中拌勻，煮滾。

06 組合 Mix

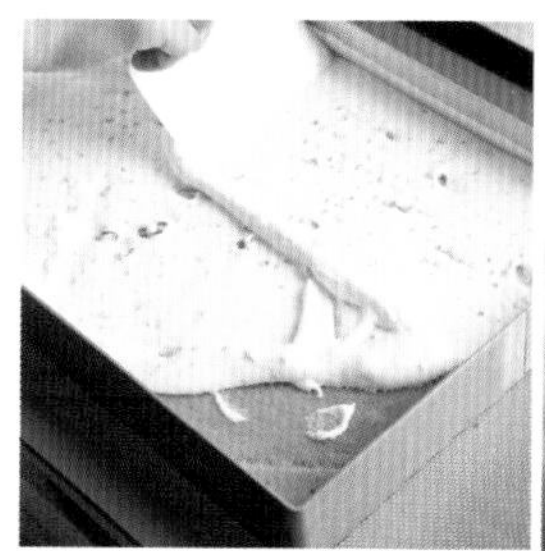

1.將開心果杏仁蛋糕片鋪在模型底部，倒入一半的蜂蜜慕斯抹平。

2.放入杏桃庫利、剩餘的蜂蜜慕斯（內含什錦蜜果）抹平即成。

chef's secret 大廚的秘訣

＊1 65%杏仁膏，是指杏仁含量高達65%，其餘的35%則為細砂糖。

＊2 製作點心時常會用到軟化奶油，這是指取出存放在冰箱中的奶油，放在室溫下直到以手指可壓入的軟度，這時約為25℃的質地柔軟奶油。

＊3 製作焦糖杏仁時使用的是果膠粉，如果使用NH果膠粉，因它是一種植物膠，則成品的口感覺軟，吃起來也不Q，焦糖杏仁不同於軟果凍，因此這裡最好使用果膠粉。

＊4 細砂糖先煮到微焦，加麥芽糖煮至117℃呈焦化程度，再加入焦糖杏仁，續煮炒勻到微焦，須依食譜要求及完成度來執行，以避免香氣不出、口感不到位而失敗。

Raspberry Opera

覆盆子歐培拉

歐培拉（Opera），法文中「歌劇」的意思，在烘焙，是形容如同歌劇般豪華精美的糕點。它的特色是在杏仁蛋糕體上，塗刷很厚且味道強勁的咖啡糖漿，再抹上咖啡口味奶油霜、巧克力甘那許，交疊塗抹後切成長方形狀，最後於表面淋上巧克力形成光滑鏡面的著名甜點，層層美味，令人垂涎。

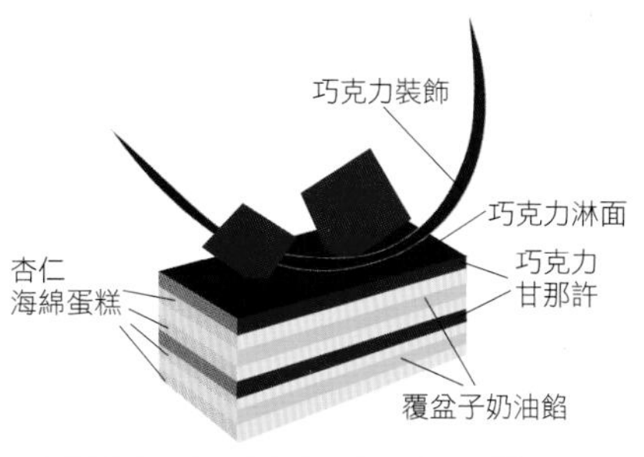

份量	3盤
模型	60×40公分 空心慕斯框
上火/下火	上火210℃/ 下火180℃
單一溫度烤箱	210℃
烘烤時間	12～15分鐘
賞味期間	冷藏3天

※製作杏仁海綿蛋糕需用到烤箱

材料

杏仁海綿蛋糕

全蛋…………………………570g.
細砂糖………………………260g.
蛋白…………………………390g.
糖粉…………………………135g.
杏仁粉………………………435g.
日本低筋麵粉……………115g.
奶油…………………………85g.

巧克力淋面

鮮奶…………………………110c.c.
動物性鮮奶油……………85g.
細砂糖………………………55g.
水……………………………55c.c.
麥芽糖………………………55g.
53.8%黑巧克力…………85g.
香草巧克力…………………330g.

覆盆子奶油餡

鮮奶…………………………290c.c.
細砂糖………………………70g.
蛋黃…………………………115g.
乾燥覆盆子粒………………50g.
奶油…………………………600g.
義大利蛋白霜………………250g.

巧克力甘那許（Ganache）

法芙娜64%巧克力………635g
動物性鮮奶油＊1………100g.
奶油…………………………165g.

覆盆子酒糖水（120c.c.）

細砂糖………………………100g.
水……………………………220c.c.
覆盆子果泥…………………200g.
覆盆子蒸餾酒＊2………20c.c.

01 製作杏仁海綿蛋糕 Almond Biscuit Joconde

1.全蛋倒入盆中，加入細砂糖混合，再打發到九分發的綿密程度（蛋糊有線條狀）。

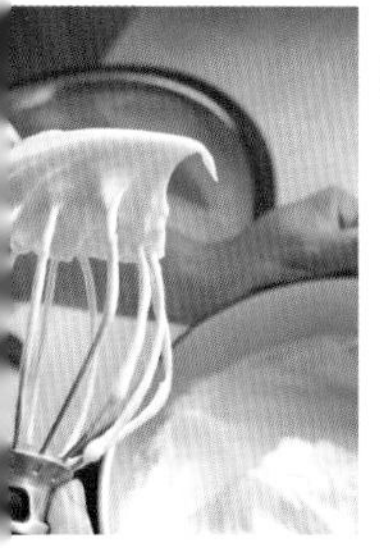

2 蛋白倒入盆中，直接攪打至全發（以攪拌器舀起蛋白霜而不會滴落）。＊3

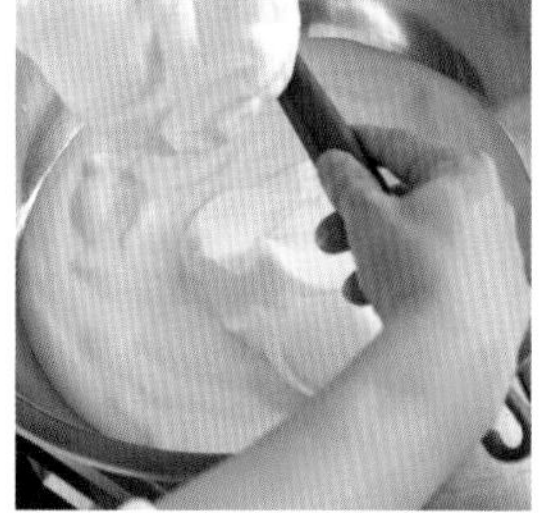

3.將蛋白霜拌入蛋糊中。

4.取小部份拌好的蛋黃蛋白霜，加入隔水融化保持在45℃的奶油中拌

5 其餘大部份拌好的蛋黃蛋白霜倒入另一盆中，加入已過篩混合的杏仁粉、低筋麵粉，再加入糖粉拌勻，整盆倒入做法4.中拌勻成麵糊。＊4

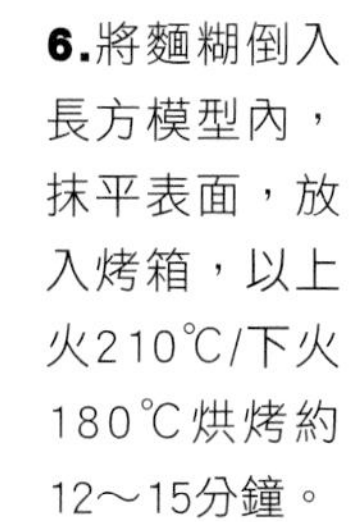

6.將麵糊倒入長方模型內，抹平表面，放入烤箱，以上火210℃/下火180℃烘烤約12～15分鐘。

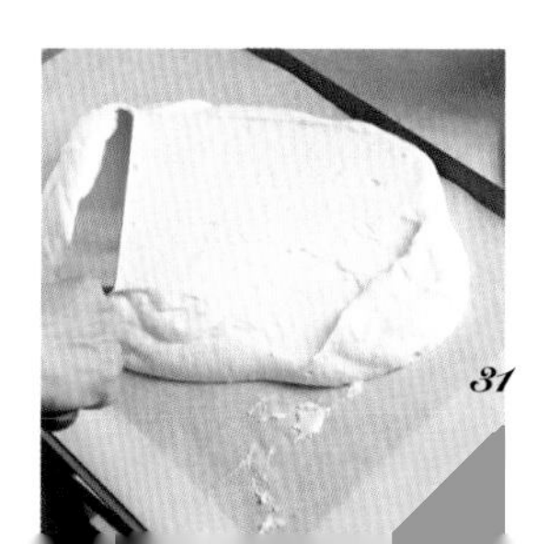

02 Raspberry Butter Cream
製作覆盆子奶油餡

❶ 蛋黃、細砂糖倒入盆中打到微發（稍淺黃色狀），再打勻。＊5

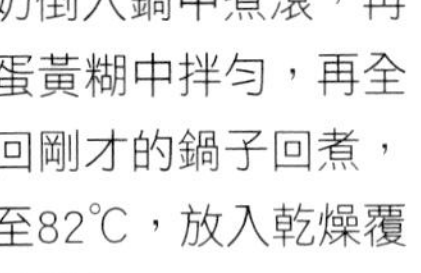

2.鮮奶倒入鍋中煮滾，再倒入蛋黃糊中拌勻，再全部倒回剛才的鍋子回煮，加熱至82℃，放入乾燥覆盆子粒拌勻。

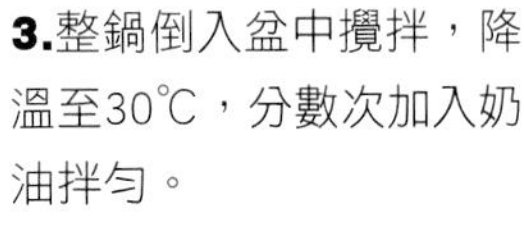

3.整鍋倒入盆中攪拌，降溫至30℃，分數次加入奶油拌勻。

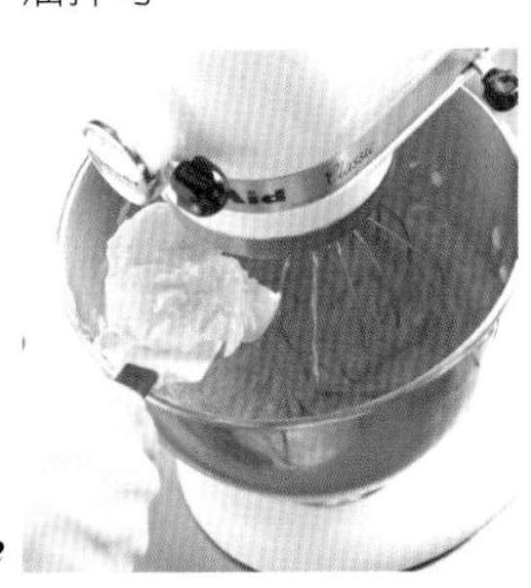

4.每次加入一小部份奶油拌勻後，才能再加入奶油，直到加完全部後拌勻。

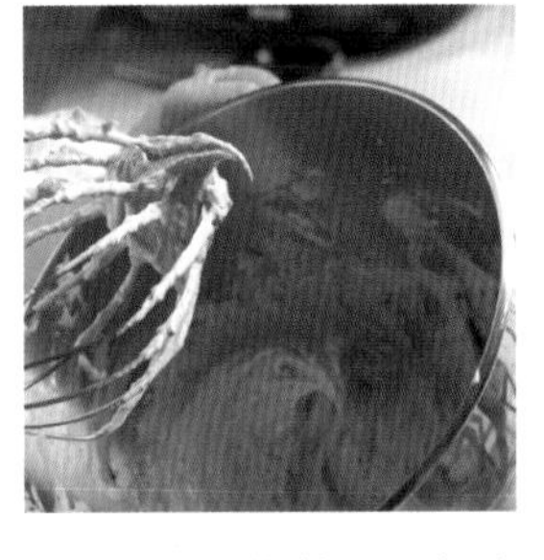

5.打發至以攪拌器舀起會呈勾狀的程度。

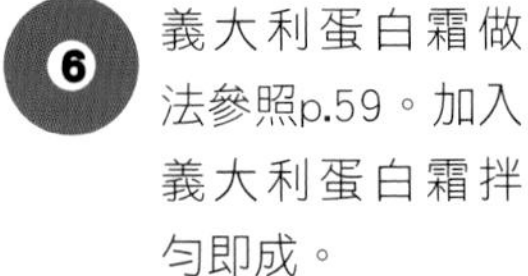

❻ 義大利蛋白霜做法參照p.59。加入義大利蛋白霜拌勻即成。

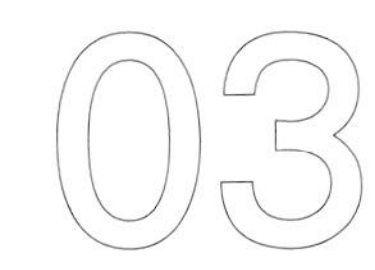

03 Ganache
製作巧克力甘那許

1.鮮奶油倒入鍋中煮沸，加入法芙娜巧克力，待降溫至35℃～38℃時，可使用均質機乳化均勻。

❷ 加入奶油，再以均質機乳化均勻。＊6

04 Raspberry Syurp
製作覆盆子酒糖水

水倒入鍋中煮滾，加入細砂糖、融化的果泥。待降溫至40℃時，加入覆盆子蒸餾酒拌勻即成。

05 製作巧克力淋面 Chocolate Glacage

1.鮮奶油、鮮奶、細砂糖、水和麥芽糖倒入鍋中煮。

2.待加熱至85℃，沖入53.8%黑巧克力、1公分大小的香草巧克力丁拌勻。

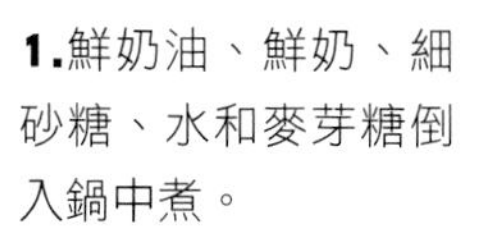

06 組合 Mix

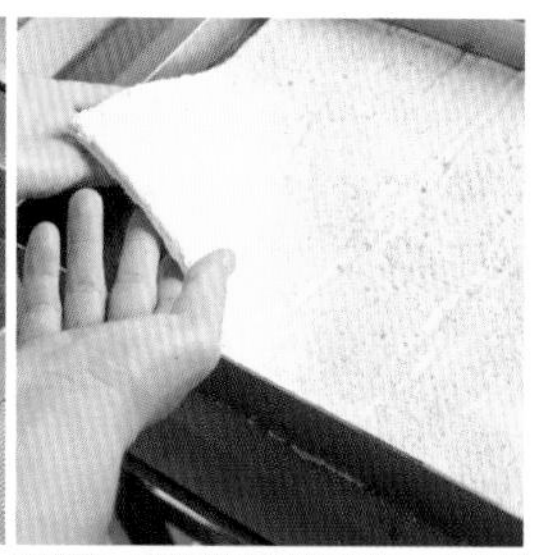

1.將杏仁海綿蛋糕鋪底，刷上覆盆子酒糖水。

2.倒入覆盆子奶油餡抹平。

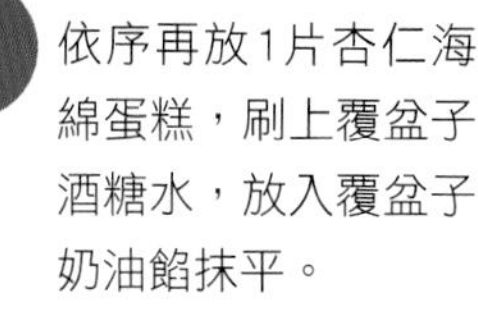

4 依序再放1片杏仁海綿蛋糕，刷上覆盆子酒糖水，放入覆盆子奶油餡抹平。

3.再刷上覆盆子酒糖水，倒入巧克力甘那許抹平。

5.放入冰箱冷凍6小時成型，淋上巧克力淋面，加以裝飾即成。

chef's secret 大廚的秘訣

＊1 動物性鮮奶油是純鮮奶油脂提煉，鮮奶油乳脂肪高達35.1%，而一般植物性鮮奶油的成份是香料和大豆卵磷脂，並無鮮奶。

＊2 覆盆子蒸餾酒是一般調味酒，需要覆盆子口味的點心皆可使用。

＊3 蛋白單獨打到發後，再混入其他材料，能使蛋糕吃起來的口感較為膨鬆、鬆軟可口。

＊4 使用一般低筋麵粉製作的話，成品口感較乾且粗糙，而日本低筋麵粉較細緻，成品口感較佳。

＊5 製作覆盆子奶油餡時，控溫、攪勻打發的步驟相當關鍵，蛋黃、細砂糖須打到微發，鮮奶煮開後沖入，又再倒回煮鍋裡，是為了能快速回煮至82℃，也就是達到殺菌的溫度。

＊6 乳化是指破壞油和水的表面張力，使油成為極小的粒子，均勻分佈在水中而不分離，表現呈光滑狀，這就是乳化劑的乳化作用，通常是用在以鮮奶油和巧克力製成巧克力甘那許，或是任何水和油的結合時。

Milk Chocolate Mousse with Mango Jelly

卡瑪露

這道以巧克力和芒果製作成的慕斯，中間夾入一層巧克力杏仁蛋糕，是法式點心中最常見的慕斯類甜點。巧妙運用了西餐裡常用的刺激性調味料黑胡椒粒，以及芒果果泥搭配製作黑胡椒芒果凍，味道很合拍，在辛香微鹹中提昇了芒果的甜與香，令人回味無窮。

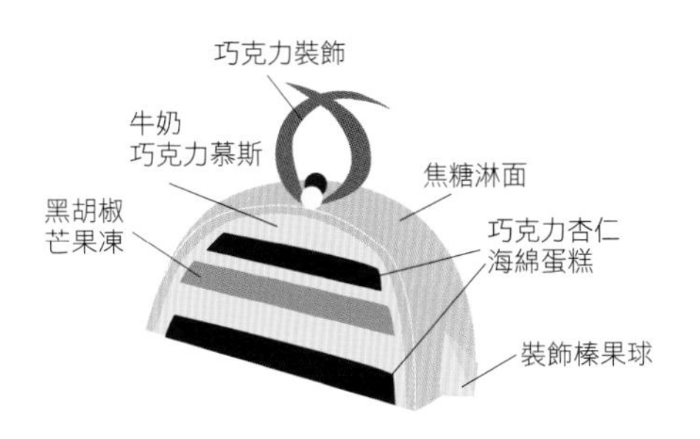

份量	4個
模型	6吋空心圓慕斯框
上火/下火	上火160℃/下火160℃（榛果球）
單一溫度烤箱	160℃
烘烤時間	15～20分鐘（榛果球）
賞味期間	冷藏3天

※製作裝飾榛果球需用到烤箱

材料

黑胡椒芒果凍

- 芒果果泥……320g.
- 冷凍芒果丁……530g.
- 黑胡椒粒……12粒
- 細砂糖……160g.
- NH果膠＊1……12g.
- 檸檬汁……12c.c.

焦糖淋面

- 細砂糖……255g.
- 動物性鮮奶油……500g.
- 葡萄糖漿＊2……50c.c.
- 吉利丁片……12g.
- 2℃冰開水……75c.c.

裝飾榛果球

- 奶油……100g.
- 糖粉……100g.
- 杏仁粉……80g.
- 榛果粉……20g.
- 低筋麵粉……100g.
- 可可碎……30g.

牛奶巧克力慕斯

- 細砂糖……120g.
- 動物性鮮奶油……235g.
- 蛋黃……165g.
- 吉利丁片……12g.
- 2℃冰開水……75c.c.
- 法芙娜41%牛奶巧克力小豆……430g.
- 打發的動物性鮮奶油……880g.

其他

- 巧克力杏仁海綿蛋糕……適量

01 製作黑胡椒芒果凍

Black Pepper Jelly

1.芒果果泥、冷凍芒果丁、NH果膠和細砂糖倒入鍋中混合，加熱煮滾後拌勻。

2.加入黑胡椒粒拌勻。

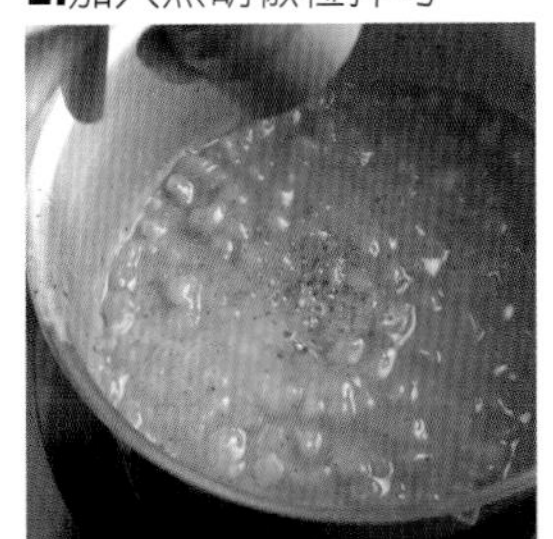

3.加入檸檬汁拌勻，即成黑胡椒芒果凍內餡。

4.將內餡倒入模型中，做為內餡使用。

02 製作焦糖淋面

Caramel Glacage

1.細砂糖倒入鍋中，不需加水，加熱乾煮至焦化，至糖液達到沸騰起泡。

2 取一滴糖液滴在塑膠刮刀上檢視，若顏色呈淺褐表示尚未焦化（如下圖刮刀的上滴），直到呈深褐色時，才是最佳的焦化程度（如下圖刮刀的下滴）。

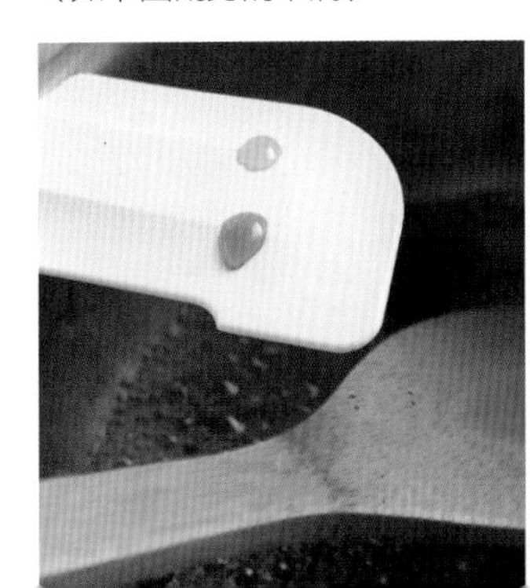

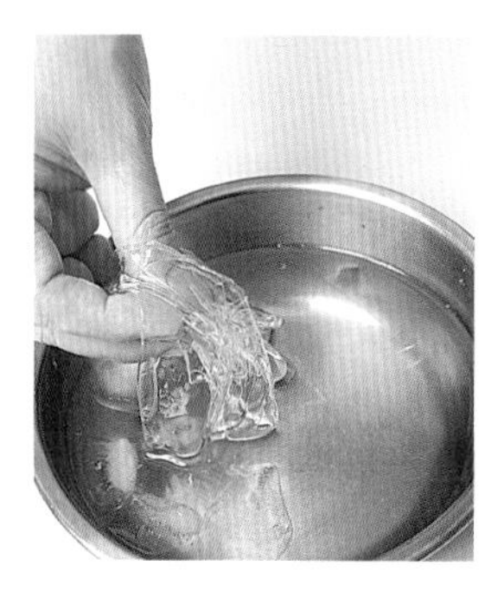

3.2℃冰開水倒入盆中，放入吉利丁片泡約20分鐘至軟。

4.鮮奶油和葡萄糖漿倒入鍋中煮滾，倒入焦糖液繼續加熱煮滾，待煮滾時加入吉利丁片拌勻，再以濾網過篩即成。

03 Hazelnut Cookies 製作裝飾榛果球

1.將所有材料倒入盆中拌勻，再壓緊實。

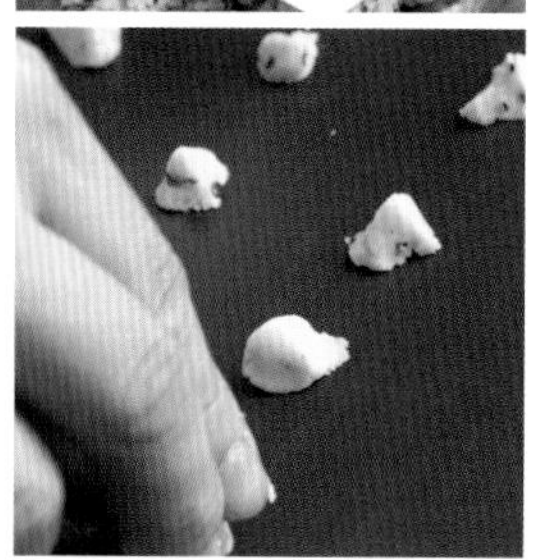

2.取一些壓緊的材料放在烤盤上，捏成一個個三角立體球狀塊，放入烤箱，以上火160℃/下火160℃烤15～20分鐘。

04 Milk Chocolate Mousse 製作牛奶巧克力慕斯

1.蛋黃、細砂糖倒入盆中打到微發（稍淺黃色狀），再打勻。

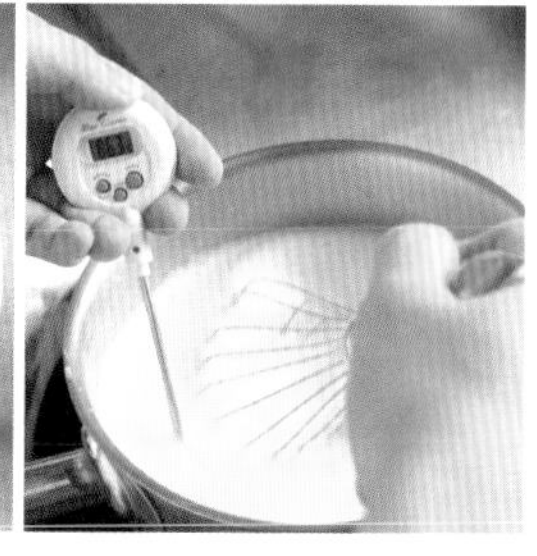

2 倒入煮滾的鮮奶油，回煮加熱至82℃。**＊3**

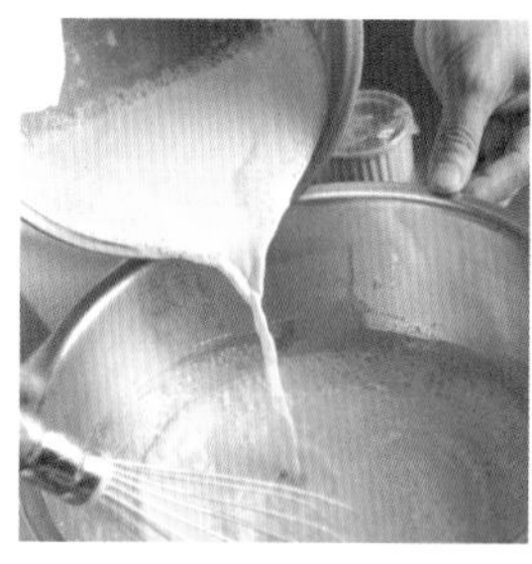

3.加入以冰水泡軟的吉利丁片融化。

4.緩緩分3～4次倒入牛奶巧克力內，拌勻成巧克力糊，這時溫度約55～60℃。

5.將整鍋巧克力糊隔著冰水，先使其冷卻成42～45℃。

6.將巧克力糊倒入約7℃的打發鮮奶油中用刮刀拌勻，即成牛奶巧克力慕斯，拌好的牛奶巧克力慕斯保持約27～30℃，這是最佳的溫度。**＊4、＊5**

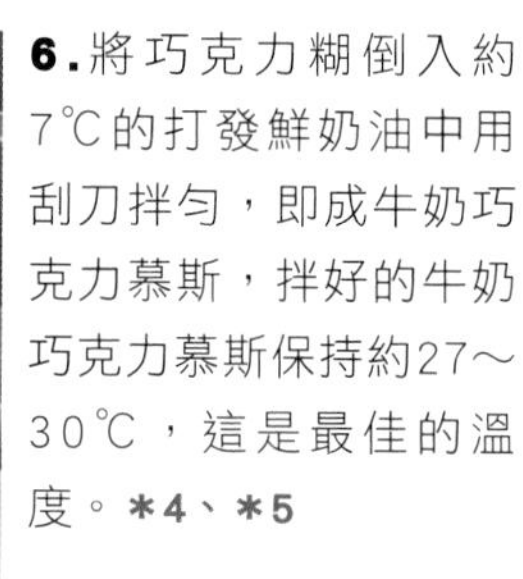

05 Mix 組合

1.將牛奶巧克力慕斯餡倒入軟模中，至約1/2高處，並用湯匙稍撥往慕斯邊不留空隙。

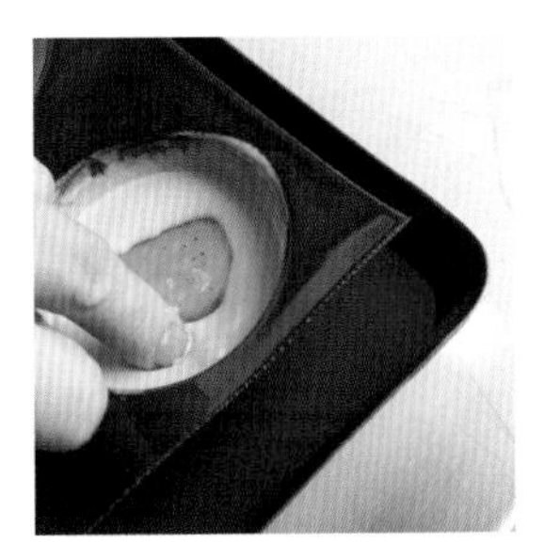

2.巧克力杏仁海綿蛋糕參照p.65。先放入一小片巧克力杏仁海綿蛋糕片，再倒入少許慕斯餡，再放入黑胡椒芒果凍。

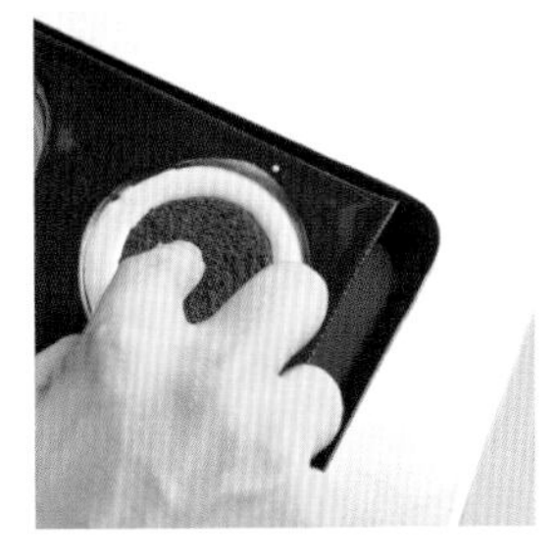

3.再次加滿慕斯餡，放入一大片巧克力杏仁海綿蛋糕片，往下壓實，放入冰箱中冷凍約6小時後取出。

4.淋上焦糖淋面，再將裝飾榛果球貼在慕斯蛋糕的圍邊，可做裝飾即成。**＊6**

chef's secret 大廚的秘訣

＊1 NH果膠是一種植物膠質地的果膠，適合用來做果凍淋面等。

＊2 葡萄糖漿，它的作用在於防止結晶和增加透明度，可在烘焙行買得到。

＊3 舉例來說像製作過程中出現「加熱到82℃」，是指一達到82℃立刻熄火，這是英式奶醬煮法，因為過高溫，就成熟蛋黃湯了。這是用來拌慕斯，因此所需的溫度也不同。

＊4 製作牛奶巧克力慕斯麵糊時，因為巧克力慕斯拌好溫度約30℃時口感最好，所以，將巧克力融化到40～42℃，鮮奶油則在7℃時一起拌勻，則會達到約30℃的狀態。

＊5 一般而言，鮮奶油從冰箱中拿出再打發就是約7℃的溫度，不需再測溫。

＊6 淋面材料要做淋面動作時，需維持在22℃的溫度才能淋，如果溫度太高，需先降溫才行。

＊7 製作牛奶巧克力慕斯麵糊中，因牛奶巧克力、白巧克力的可可脂成分比例的關係，所以乳化後須保持在28℃，如果是黑巧克力，因可可脂比例較高，則應保持於40℃，製作出來的慕斯成品才能融和勻稱、口感綿密。

Yuzu Hazelnut Mousse

艾薇亞朵

榛果（Hazelnut）生長於歐洲，是法國等歐陸國家常用於糕點的堅果材料，富有特別的風味，殼堅硬結實，內部結出圓粒狀的種子，生食亦有風味，但常被乾燥後使用於糖果、餅乾的製作，加熱烤後更散發香氣。一塊艾薇亞朵裡，杏仁柚香蛋糕夾著榛果克林姆、酸甜的荔枝覆盆子果凍，綜合了奶香酸甜味，品嘗到更多層次美味。

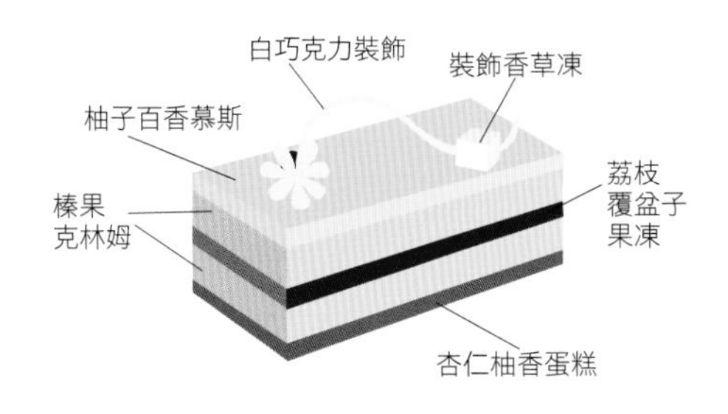

份量	1盤
模型	35×25公分 空心慕斯框
上火/下火	上火180℃/ 下火160℃
單一溫度烤箱	170℃
烘烤時間	12～15分鐘
賞味期間	冷藏3天

材料

杏仁柚香蛋糕

- 65%杏仁膏……………400g.
- 葡萄糖漿……………120g.
- 細砂糖……………300g.
- 全蛋……………500g.
- 柚子醬和皮……………100g.
- 日本低筋麵粉……………160g.
- 焦化奶油＊1……………180g.

榛果克林姆

- 牛奶……………330c.c.
- 細砂糖……………50g.
- 蛋黃……………90g.
- 煮式卡士達粉（蛋黃粉）30g.
- 奶油……………30g.
- 吉利丁片……………6g.
- 含糖榛果醬……………160g.

荔枝覆盆子果凍

- 覆盆子果泥……………200g.
- 草莓果泥……………50g.
- 細砂糖……………80g.
- 吉利丁片……………8g.
- 荔枝酒……………10c.c.

裝飾香草凍（透明果凍）

- 水……………225c.c.
- 香草莢……………1支
- 細砂糖……………45g.
- 檸檬汁……………20c.c.
- 吉利丁片……………8g.
- 荔枝酒……………5c.c.

芒果糖水

- 水……………1,000c.c.
- 芒果果泥……………200g.
- 香草莢……………1支
- 柚子醬……………120g.
- 細砂糖……………400g.

柚子百香慕斯

- 百香果果泥……………135g.
- 杏桃果泥……………20g..
- 芒果果泥……………10g.
- 柚子醬……………40g.
- 動物性鮮奶油……………25c.c.
- 蛋黃……………90g.
- 細砂糖……………105g.
- 煮式卡士達粉＊2……………12g.
- 吉利丁片……………6g.
- 奶油……………125g.
- 打發的動物性鮮奶油…250g.

01 Yuze Almond Biscuit Jocande 製作杏仁柚香蛋糕

1. 奶油倒入鍋中加熱後拌勻，繼續煮至焦化程度（顏色由黃轉褐色，底部會出現渣滓）。待降溫至45℃後過濾，即成焦化奶油。

2 杏仁膏打軟。將葡萄糖漿微波加熱至40℃，加入杏仁膏內，再加入細砂糖攪拌，再慢慢地分次加入全蛋液攪打，打至六分發，即以攪拌器舀起麵糊時呈直線液狀。

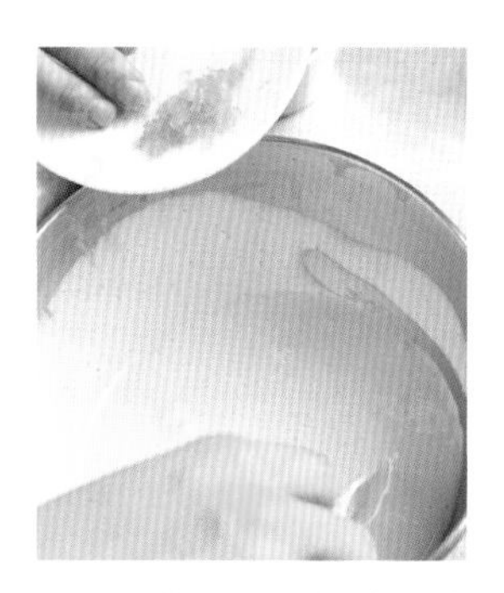

3.加入柚子皮和醬拌勻成麵糊。

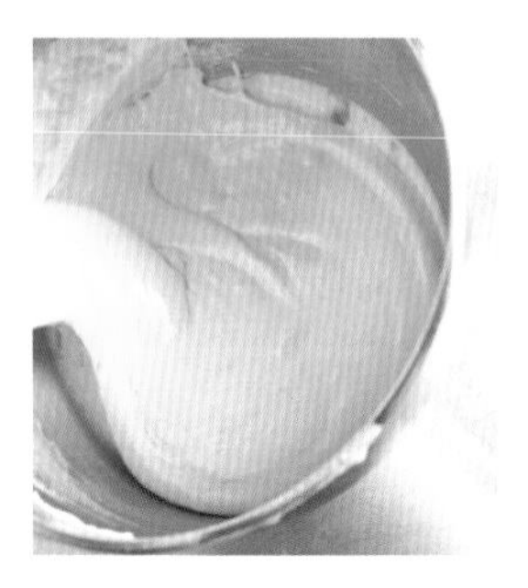

4.取1/2量的麵糊加入焦化奶油中拌勻，再加入低筋麵粉拌勻成麵糊。

5.將剛拌好的麵糊倒入剩餘的1/2的麵糊拌勻，即成杏仁柚香蛋糕麵糊。

杏仁柚香蛋糕麵糊倒入模型中，用刮刀推勻、推出氣泡。放入烤箱，以上火180℃/下火160℃烘烤12～15分鐘。

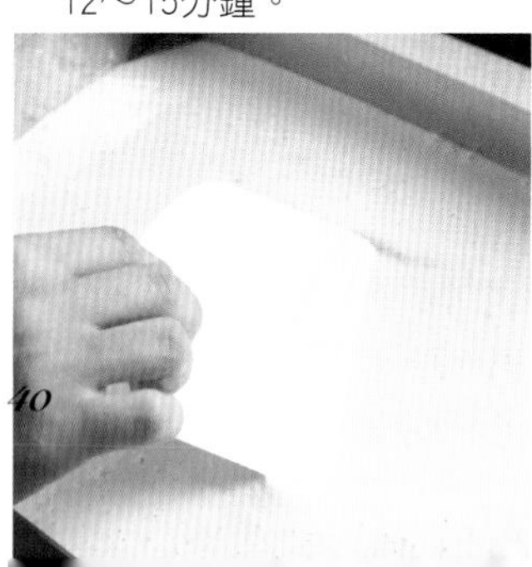

02 Hzelnut Custard Cream 製作榛果克林姆餡

1.牛奶倒入鍋中煮滾。

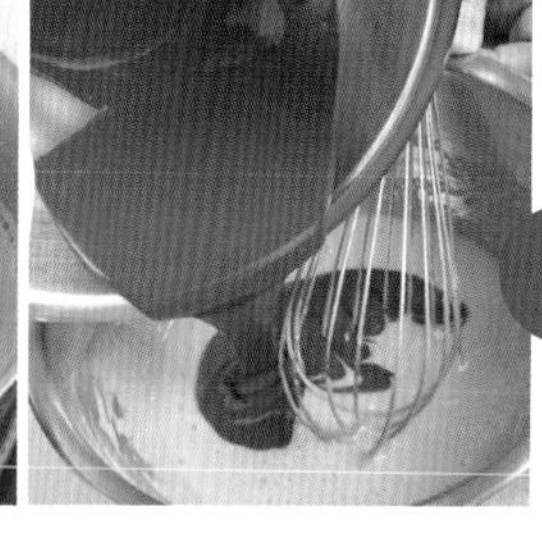

2.卡士達粉倒入盆中，加入蛋黃拌勻至質地細緻，再加入含糖榛果醬拌勻。

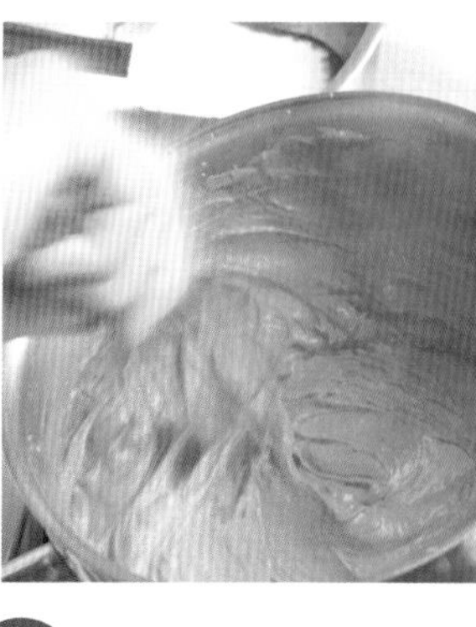

3

將煮滾的牛奶分次倒入卡士達蛋黃糊中，待全部牛奶都倒入拌勻，再全部倒回煮鍋，邊攪邊煮至滾。

4.加入以冰水泡軟的吉利丁片、奶油拌勻，即成榛果克林姆餡。將克林姆餡倒入另一個涼溫的盆中，蓋好保鮮膜。

03 Lychee Raspberry Jelly 製作荔枝覆盆子果凍

1.覆盆子果泥、草莓果泥和細砂糖倒入鍋中煮後拌勻，續煮至60℃時，加入以冰水泡軟的吉利丁片，煮滾後熄火。＊2

2.整鍋隔冰水降溫至約30℃。

3.加入荔枝酒拌勻，倒入底部已覆蓋好保鮮模的慕斯框內，放入冰箱冷凍。

04 Vanilla Jelly 製作裝飾香草凍

1.香草莢剖開，刮出香草籽後，將香草莢、香草籽、水倒入鍋中煮，加入細砂糖拌勻。

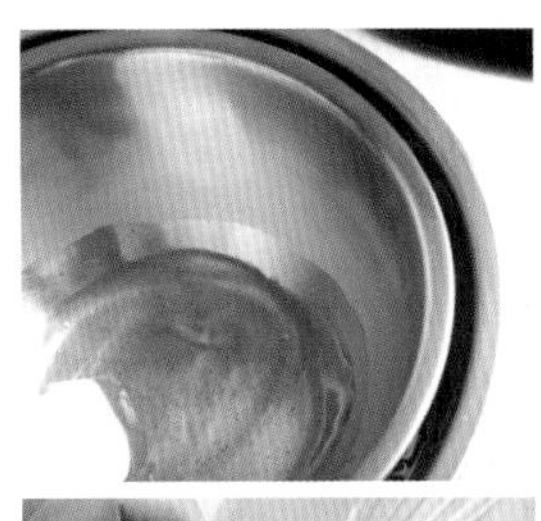

2.加入檸檬汁、以冰水泡軟的吉利丁片，以濾網過篩出汁液，取出香草莢，汁液隔冰水冷卻，倒入荔枝酒拌勻，再倒入長方形框，放入冰箱冷藏成凍。

05 Mango Sugar Water 製作芒果糖水

芒果果泥、水、柚子醬、橫剖切開的香草莢和籽倒入鍋中，加入糖拌勻，加熱煮到60℃，熄火，倒出到另一鋼盆內，降溫至28℃即成。

06 Yuze Passion Mousse 製作柚子百香慕斯

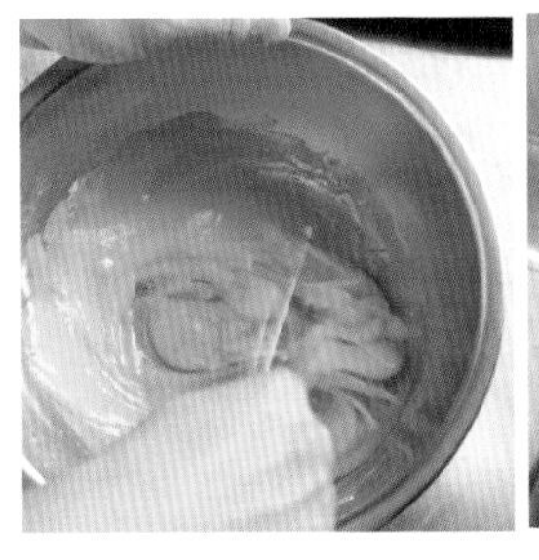

1.細砂糖、煮式卡士達粉（蛋黃粉）、鮮奶油和蛋黃先拌勻成糖餡。

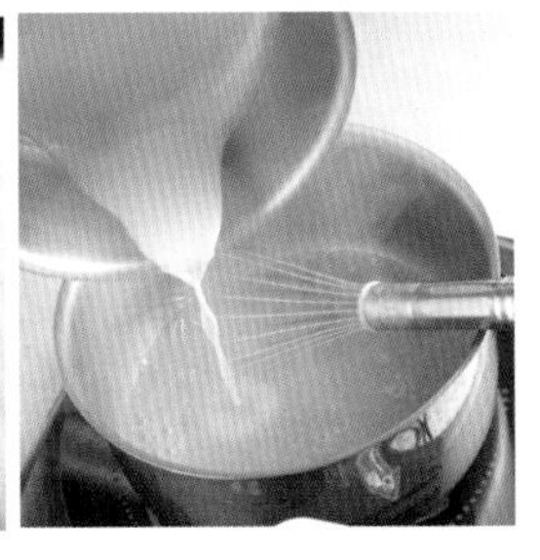

2.百香果果泥、芒果果泥、杏桃果泥倒入鍋中煮滾，沖入拌好的糖餡再回煮至滾、濃稠，熄火

3.加入以2℃冰水泡軟的吉利丁片融勻，再加入奶油拌勻。

4.整鍋隔冰水降溫冷卻，測溫降到28℃即可。

5.分數次加入250g.打發的鮮奶油攪拌成慕斯。

07 Mix 組合

1.在長方模內的杏仁柚香蛋糕上，刷上芒果糖水且刷均勻。

2.倒入榛果克林姆餡然後抹平。

3.鋪上冰硬的荔枝覆盆子果凍。

4.倒入柚子百香慕斯且抹平。

5.先鋪上一層杏仁柚香蛋糕，再倒入一層柚子百香慕斯抹平，注意邊縫也不留空洞，抹麵糊抹得勻稱。

6 用三角鋸齒刮刀刮過麵糊表面，刮出條形花紋。＊5

7.放入冰箱冷凍6小時後脫膜取出，放上裝飾香草凍即成。＊4

chef's secret 大廚的秘訣

＊1 焦化奶油沒有現成的，需DIY將奶油煮焦。通常在法國，將奶油焦化是為了奶油焦化後會有一股榛果香味，讓成品更有一股特殊香氣。

＊2 製作荔枝覆盆子凍時，煮果泥、細砂糖時煮至60℃，加入吉利丁片後降至約30℃，降溫的方法是把鋼盆套入另一個冰塊水的稍大鋼盆內，比例則以3份冰：1份水為準，水的部份使用冰水更佳，可注意測溫而繼續步驟。

＊3 卡士達粉分冷拌和煮式（熱拌）兩種，冷拌卡士達粉是加入了鮮奶等水份時，不必經過加熱就能直接拌勻成餡。而煮式（熱拌）卡士達粉，需將水份加熱煮滾，才能拌勻成餡料。

＊4 慕斯框如何成功脫膜？建議以下兩個方法：1.在慕斯框內先放入硬慕斯膠片後才灌入慕斯。2.慕斯冷凍後取出時，可用噴火槍在慕斯框周邊微微加熱，使慕斯可自動脫模，但記得加熱不可過久，約5～7秒即可。

＊5 用三角鋸齒刮刀刮過麵糊表面，刮出條形花紋時，等慕斯糊將要凝固前才刮，這樣較容易成功，成品較漂亮。

Mascarpone Strawberry Jelly Mousse

瑪斯特

這道瑪斯特甜點，是以義大利有名的馬斯卡邦起司（Mascarpone Cheese）製作的。這種起司是羅馬汀州出產的新鮮起司，由於鬆軟帶酸味，很類似奶油，因此常被用在甜點製作上增強風味和口感。這裡在濃濃起司奶香上加入帶酸的草莓凍、覆盆子淋面，平衡了甜度，酸甜適中。

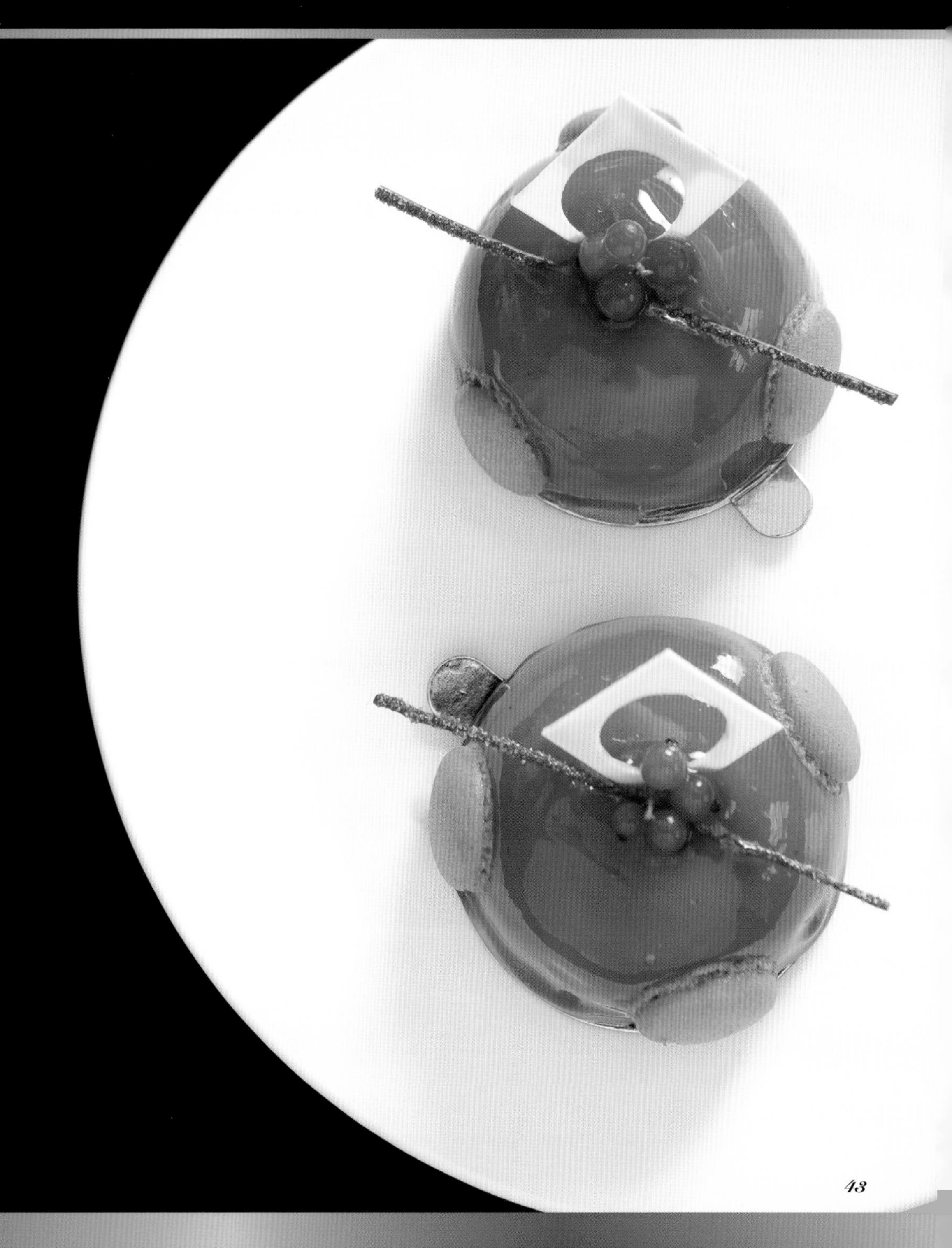

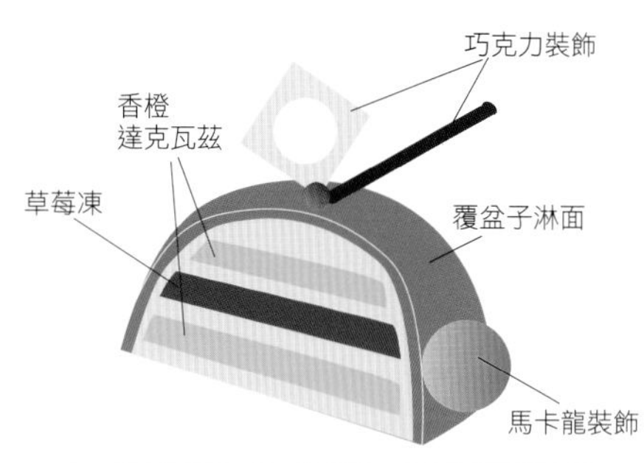

份量	1個
模型	6吋空心圓慕斯框
上火/下火	上火200℃/ 下火180℃
單一溫度烤箱	200℃
烘烤時間	13分鐘 （香橙達克瓦茲）
賞味期間	冷藏3天

※製作達克瓦茲需用到烤箱

材料

草莓凍

草莓果泥……260g.
覆盆子果泥……35g.
水……35c.c.
細砂糖……15g.
NH果膠粉……35g.
草莓酒……7c.c.

覆盆子淋面

水……450c.c.
海藻糖……190g.
細砂糖……75g.
NH果膠粉……10g.
覆盆子果泥……400g.

香橙達克瓦茲

低筋麵粉……80g.
杏仁粉……170g.
糖粉……100g.
蛋白……280g.
細砂糖……100g.
新鮮香橙屑……10g.
塔塔粉……0.5g.

炸彈麵糊

細砂糖……250g.
水……80c.c.
蛋黃……160g.

馬斯卡邦慕斯蛋糕

馬斯卡邦起司……750g.
細砂糖……220g.
水……70c.c.
蛋黃……200g.
吉利丁片……16g.
2℃冰開水……100c.c.
60%君度橙酒……25c.c.
打發的動物性鮮奶油……625g.
炸彈麵糊……490g.

其他

香橙杏仁海綿蛋糕片……適量

01 Strawberry Jelly 製作草莓凍

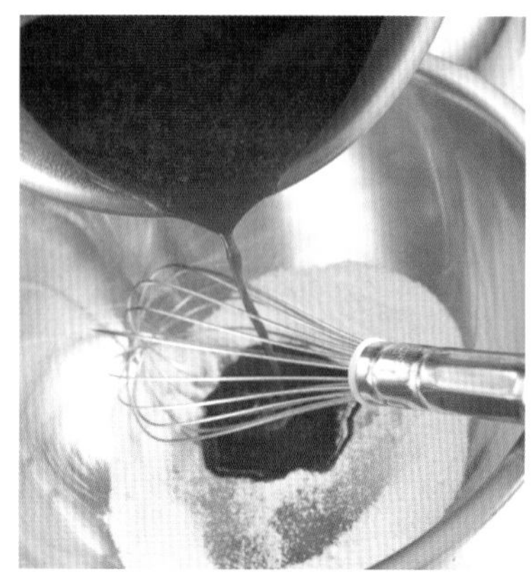

1.將覆盆子果泥、草莓果泥倒入鍋中，加水煮至40℃，再倒入細砂糖、NH果膠粉一起攪拌，煮滾。

2.不過篩，直接移入盆內。

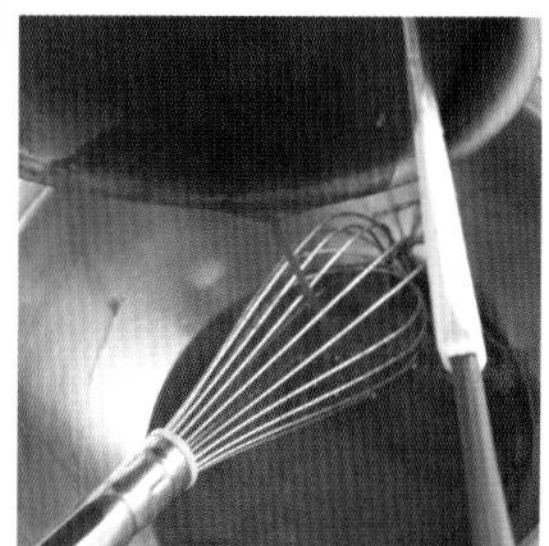

3.整盆隔著冰水降溫，一邊攪動。

4.待溫度降至40℃時，加入草莓酒拌勻，即成草莓凍液，倒入烤墊上的6吋圓形慕斯框模內，放入冰箱冷凍。

02 製作覆盆子淋面 Raspberry Glacage

1.覆盆子果泥倒入鍋中，先加入海藻糖拌勻，再加水均勻，加熱至40℃。

2.細砂糖、NH果膠粉倒入盆中拌勻，加入煮好的覆盆子果泥，整盆倒回鍋中煮滾。

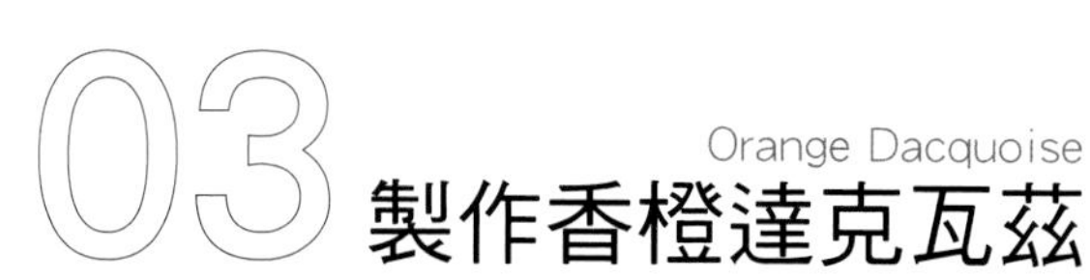

03 製作香橙達克瓦茲 Orange Dacquoise

1 蛋白倒入盆中，分數次加入細砂糖打到八分發，加入新鮮香橙屑拌勻，接至打至九分發。＊1、2

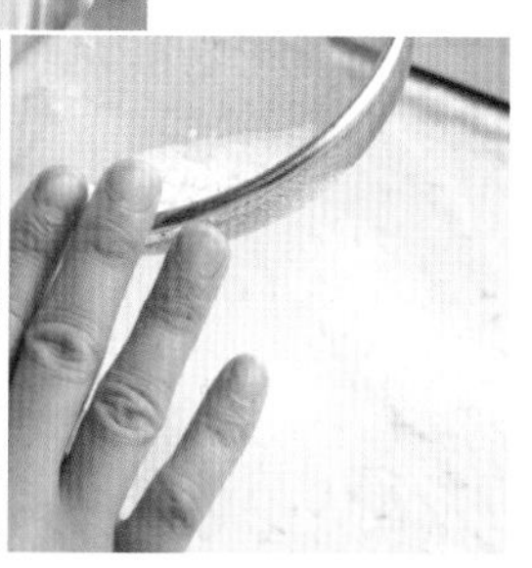

2.加入杏仁粉、塔塔粉和低筋麵粉拌勻成麵糊，倒入鋪了烘焙紙的烤盤上，抹平。

3.糖粉過篩後撒在麵糊上。放入烤箱，以上火200℃/下火180℃烤約13分鐘。

04

Paté a Bomse

製作炸彈麵糊

（約成品490g.）

蛋黃倒入鍋中打至微發。細砂糖、水倒入另一鍋中，煮至117℃～119℃，再沖入剛才的蛋黃，打至全發即成。＊3

05

Mascarpone Mousse Cake

製作馬斯卡邦慕斯蛋糕

1.將蛋黃倒入盆中，打至七分發。細砂糖、70c.c.的水倒入鍋中煮至117℃時，沖入打發的蛋黃，打至全發。

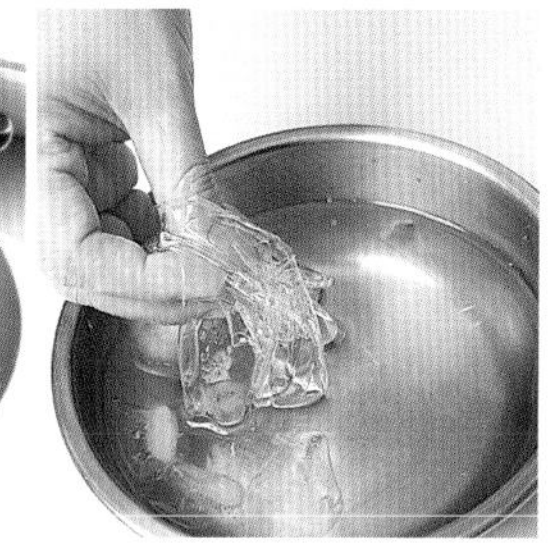

2 2℃冰開水倒入盆中，放入吉利丁片泡約10分鐘至軟。＊4

取出約10分之1的炸彈麵糊，加入以微波溶解的軟吉利丁片、君度橙酒拌勻，倒入剩下10分之9的炸彈麵糊拌勻，再加入馬斯卡邦起司拌勻，倒入打發的鮮奶油中拌勻，灌入小圓模內約一半高。

4.以湯匙將麵糊稍微弄平。

06 Mix 組合

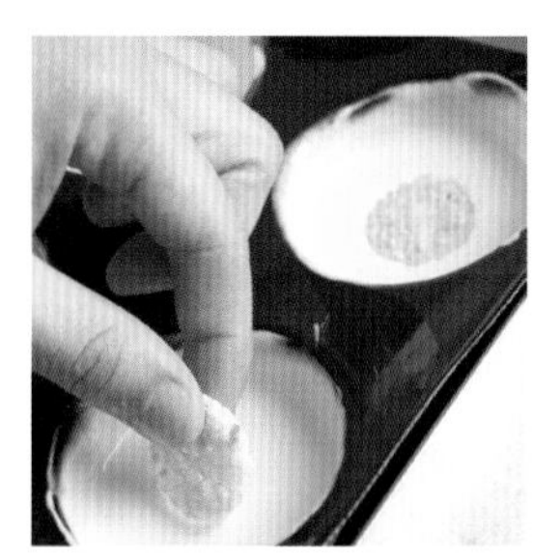

1.將馬斯卡邦慕斯蛋糕倒入模中，放入香橙達克瓦茲。

2.放入草莓凍。

3.舀入馬斯卡邦慕斯蛋糕。

4.香橙杏仁海綿蛋糕做法參照p.25。放1片香橙杏達克瓦茲（杏仁海綿蛋糕片亦可），放入冰箱冷凍6小時後取出。

5.最後澆上覆盆子淋面並裝飾即成。

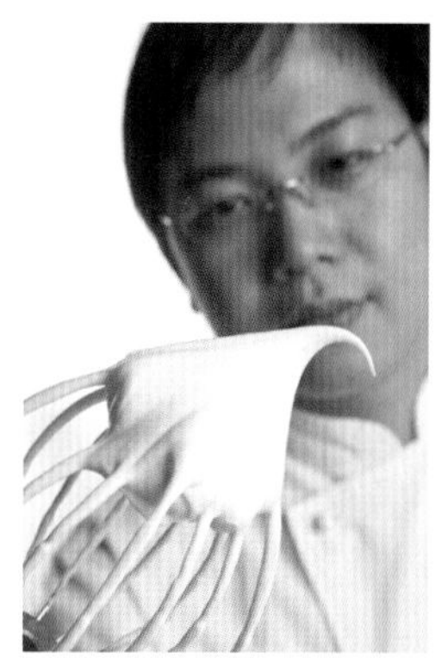

chef's secret 大廚的秘訣

＊1 製作香橙達克瓦茲時，因糖量比較少，所以可把蛋白打到在打蛋器上呈現較無勾狀的九分發，只有蛋白才可分為乾性、濕性發泡，掌握蛋白應該打發的發度，蛋糕就能做成功。

＊2 蛋白霜八分發和九分的細微差別，在於八分發用手指取出尖端會微微垂下，而九分發則又更尖挺、硬一些。

＊3 打發炸彈麵糊時，須打到十分膨脹，用於製作慕斯蛋糕，因質地膨脹而使得口感細膩，比起義大利蛋白霜還更細緻而有韌性。

＊4 吉利丁片須泡足夠6倍的水，即吉利丁片1:水6的比例，做慕斯麵糊才能防止失敗。

Mandarin White Chocolate Mousse

香戀

Mandarin是中國產的細皮小柑橘，帶有清新香氣，產季1～4月，生吃以外則適合加以糖漬處理後，用於點心的製作。橘子酒也同樣稱為Mandarin，是取橘子外皮所做成的香甜酒。嘗一口柑橘和橘子酒做成的香戀慕斯蛋糕，清爽可口，忍不住一口接著一口。

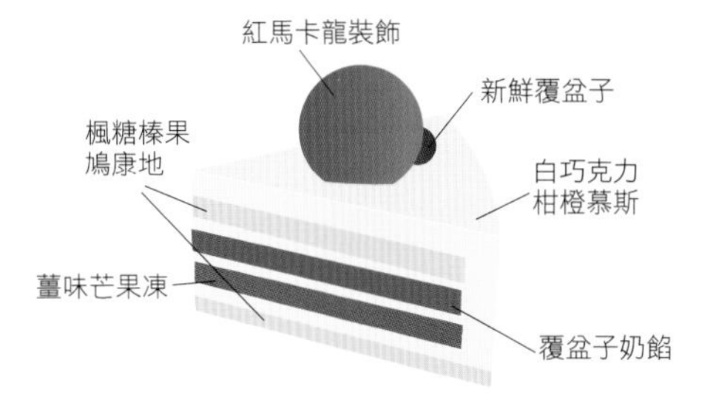

份量	1盤
模型	6吋空心圓慕斯框 4吋空心圓慕斯框 72×46公分烤盤
上火/下火	上火200℃/ 下火170℃
單一溫度烤箱	175℃
烘烤時間	16分鐘
賞味期間	冷藏3天

※製作楓糖榛果鳩康地需用到烤箱

材料

楓糖榛果鳩康地
（maple hazelnut joconde）

全蛋……………………105g.
蛋黃……………………65g.
楓糖顆粒………………125g.
榛果粉…………………125g.
蛋白……………………230g.
細砂糖…………………80g.
奶油……………………25g.
日本低筋麵粉…………100g.

薑味芒果凍

芒果果泥………………160g.
冷凍芒果丁……………265g.
生薑酒…………………10c.c.
生薑末…………………1.5g.
細砂糖…………………60g.
NH果膠…………………6g.
檸檬汁…………………3c.c.

白巧克力柑橙慕斯

無糖酸奶＊1……………60g.
吉利丁片………………13g.
白巧克力………………300g.
小金桔果泥……………105g.
百香果果泥……………20g.
打發的動物性鮮奶油…360g.

覆盆子奶餡

覆盆子果泥……………200g.
蛋黃……………………60g.
全蛋……………………75g.
細砂糖…………………50g.
吉利丁片………………6g.
2℃冰開水………………35c.c.
奶油……………………75g.

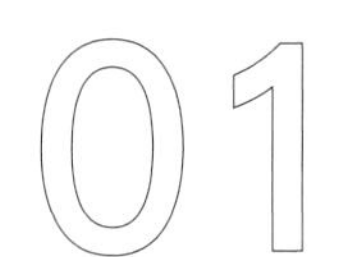

Maple Biscuit Joconde

01 製作楓糖榛果鳩康地

1 全蛋、蛋黃和楓糖顆粒倒入鍋中，隔水加熱至38℃後打發成楓糖蛋糊。＊2

2. 楓糖蛋糊倒至盆中拌勻。

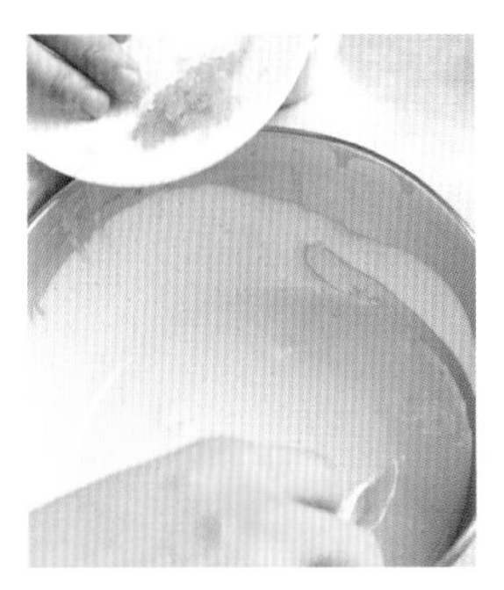

3.蛋白倒入盆中，分數次加入細砂糖打發，加入楓糖蛋糊拌勻。**＊3**

4.取一部份拌好的楓糖蛋糊，加入融化後保持於45℃的奶油乳化拌勻，其餘則和榛果粉、低筋麵粉拌勻，再將兩部份混合拌勻。

5.將麵糊倒入烤盤中，以上火200℃/下火170℃烤約16分鐘即成。

02 製作薑味芒果凍

Ginger Mango Jelly

1.將芒果果泥、冷凍芒果丁、生薑末倒入鍋中煮滾。

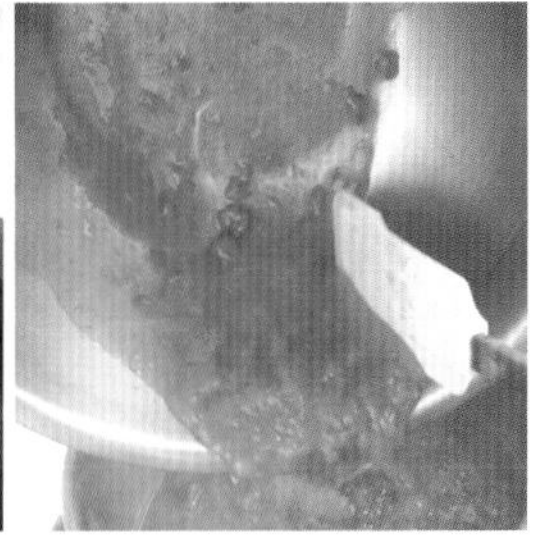

2.細砂糖、NH果膠倒入盆中拌勻，加入芒果料拌勻，倒入鍋中。

3.加入檸檬汁拌勻，隔著冰水，降至35℃時，續入生薑酒拌勻成果凍液。

4.將果凍液倒入模內。

03 製作覆盆子奶餡 Raspberry Cream

1.覆盆子果泥倒入鍋中煮至90℃。

2.蛋黃、全蛋和細砂糖倒入另一鍋中拌勻。沖入覆盆子果泥拌勻。

3 整鍋回煮至82℃，加入以2℃冰開水泡軟的吉利丁片，待降溫至40℃時，加入奶油拌勻成奶餡。

4.將奶餡倒入慕斯框內。

04 製作白巧克力柑橙慕斯 White Chocolate Orange Mousse

1.將小金桔果泥、百香果果泥倒入鍋中煮滾，加入以2℃冰開水泡軟的吉利丁片拌勻。

2.煮熱的果泥分次倒入白巧克力盆中乳化拌勻。

3.加入無糖酸奶拌勻，溫度保持在35～38℃。

4.加入360g.的打發的動物鮮奶油，攪拌成白巧克力柑橙慕斯。

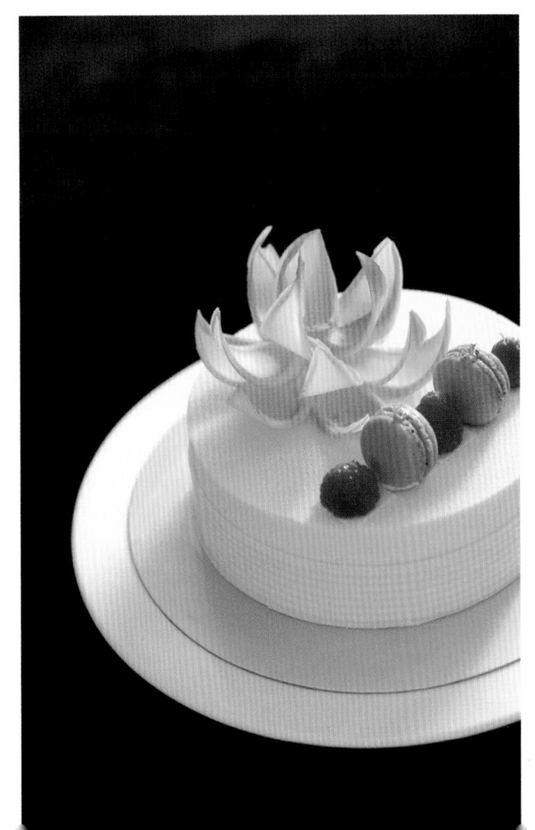

05 Mix 組合

1.6吋空心圓模底下包覆保鮮膜，倒入白巧克力柑橙慕斯。

2.放上1片楓糖榛果鳩康地，往下壓實。

3.倒入覆盆子奶餡抹平。

4.擺進1片薑味芒果凍後下壓。

5.倒入白巧克力柑橙慕斯，再擺放1片楓糖榛果鳩康地。

6.倒入白巧克力柑橙慕斯，放入冰箱冷凍6小時後取出。白巧克力噴液做法參照p.53，使用巧克力噴槍表面噴上白巧克力噴液即成。

chef's secret 大廚的秘訣

＊1 無糖酸奶是指酸奶不加糖而已，若找不到，可用無糖優格取代。

＊2 製作楓糖榛果鳩康地時，因為楓糖糖粉不易打散，所以須將楓糖顆粒隔水加熱至38℃再打發。

＊3 製作楓糖榛果鳩康地中的楓糖蛋白，分成兩部分分別和奶油、粉類拌勻後再混合同拌，會比較好攪拌均勻，提高成品製作上的成功率。鳩康地（maple hazelnut joconde）則是一種杏仁蛋糕的名稱。

＊4 噴上巧克力噴液時，要注意溫度需維持在40～42℃。

＊5 買不到NH果膠的話，可用吉利丁片使其凝結，但口感不若NH果膠來得佳。

Basic Chocolate Skills
就是要學會的基礎巧克力技巧

巧克力口味的甜點，一直深受許多人的喜愛。當你想製作這種口味的蛋糕、餅乾或點心時，必須先學會的，就是融化巧克力的技巧，這也是所有操作巧克力食材的過程中，入門的第一堂課。學會了這個基本技巧，就來練習製作巧克力噴液（噴面），它是淋在點心的最外層，既可享受到美味，又可做裝飾的巧克力運用。

Melt Chocolate
融化巧克力

材料
巧克力……………適量

1.於常溫下，將巧克力塊放在烘焙紙或白報紙上，以不鏽鋼模型以直線方向下刮，可刮出碎片。

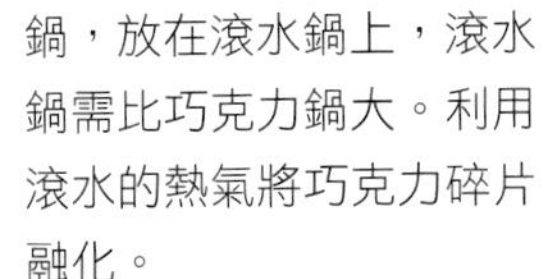

2.準備一鍋滾水，放在爐上。將巧克力碎片倒入小鍋，放在滾水鍋上，滾水鍋需比巧克力鍋大。利用滾水的熱氣將巧克力碎片融化。

3.可邊以耐熱刮刀或木勺輕拌巧克力碎片，使其完全融化。

chef's secret 大廚的秘訣

＊1 底鍋的水不可高過內鍋，防止水濺入巧克力鍋中。

＊2 水滾後放上巧克力鍋不可繼續加熱，否則容易造成巧克力的油水分離。

＊3 如果你是甜點新手，建議不要將整塊巧克力放入鍋中融化，可先將巧克力刮成碎片放入鍋中融化，也才能融化得均勻。此外，也可直接購買巧克力豆或巧克力片來融，操作上較方便且容易成功。

White Chocolate Glacage DIY
白巧克力噴液DIY

材料
白巧克力…………100g.
可可脂……………100g.

1.白巧克力倒入鍋中隔水加熱，融化至45℃。

2.可可脂倒入另一鍋中隔水加熱，待融化至50℃，和45℃的白巧克力液拌勻。

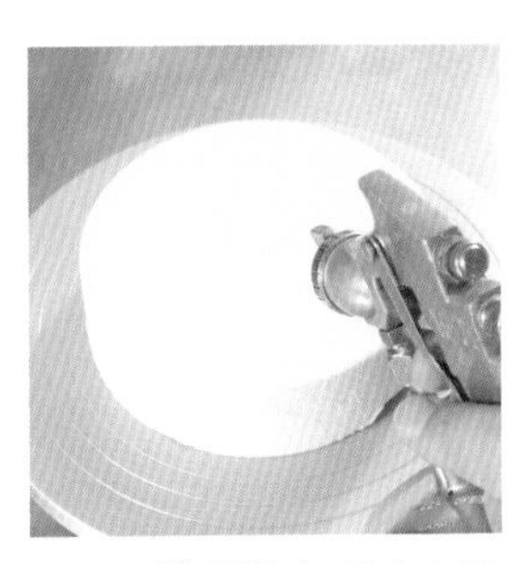

3.利用機器將白巧克力液噴在點心表面。

chef's secret 大廚的秘訣

＊1 融化巧克力的過程中，切記不可打發產生出氣泡。

＊2 在保存巧克力上，可放在密封罐或密封袋之中，避免碰到空氣中的濕氣而潮濕結成塊，也得避免光的照射。

Mango Cheese Mousse

金色仲夏

以鳳梨、芒果和杏桃為主材料的金色仲夏，甜甜酸酸的口味，是夏天裡最美味的一道消暑甜品，其中的鳳梨庫利，更是歐洲人最愛的甜點。庫利（Coulis）是法文，是將水果或蔬菜製成泥狀醬汁，而這裡所用的水果，則是台灣人最喜愛的，香甜且帶著鮮美酸味的金黃色鳳梨，不嘗嘗就可惜了。

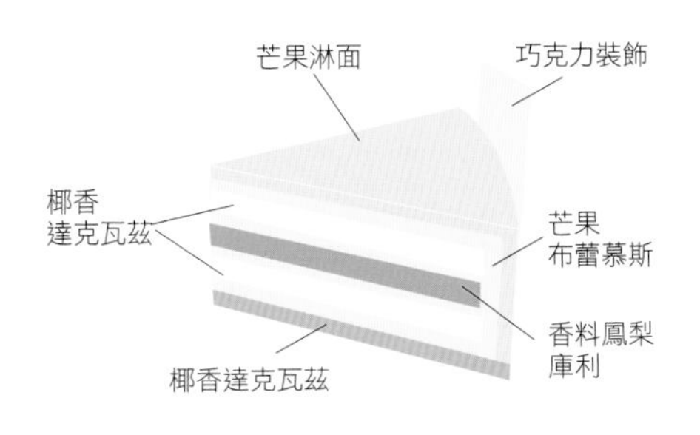

份量	6吋2個
模型	6吋空心圓慕斯框
上火/下火	上火190℃/ 下火170℃
單一溫度烤箱	170℃
烘烤時間	15分鐘
賞味期間	冷藏3天

※製作椰香達克瓦茲需用到烤箱

材料

燴芒果
- 新鮮切丁芒果……………150g.
- 細砂糖……………………12g.
- 奶油………………………10g.
- 白蘭地酒…………………5c.c.

香料鳳梨庫利
- 鳳梨果泥…………………200g.
- 杏桃果泥…………………80g.
- 八角………………………2g.
- 細砂糖……………………20g.
- 燴芒果……………………120g.
- 吉利丁片…………………12g.
- 2℃冰開水………………75c.c.
- 水蜜桃酒…………………10c.c.
- 檸檬汁……………………3c.c.

芒果淋面
- 海藻糖……………………300g.
- NH果膠……………………25g.
- 葡萄糖漿…………………50c.c.
- 水…………………………600c.c.
- 芒果果泥…………………540g.

芒果布蕾慕斯
- 蛋黃………………………100g.
- 波美糖水…………………170 c.c.
- 檸檬汁……………………10c.c.
- 奶油起司…………………420g.
- 芒果果泥…………………300g.
- 義大利蛋白霜……………320g.
- 吉利丁片…………………20g.
- 2℃冰開水………………120c.c.
- 百香果酒…………………20c.c.
- 打發的動物性鮮奶油……600g.

椰香達克瓦茲
- 蛋白………………………350g.
- 細砂糖……………………100g.
- 糖粉………………………280g.
- 椰子粉……………………270g.
- 低筋麵粉…………………70g.

01 Cook Mango 製作燴芒果

1.細砂糖倒入鍋中，煮融化成液態。

2.加入奶油略微拌炒，煮到變色焦化。

3.加入新鮮芒果切丁煮至收汁。

4.再加入白蘭地酒拌勻。

02 製作香料鳳梨庫利

Spice Pineapple Jelly

1.鳳梨果泥倒入鍋中煮滾，加入八角、細砂糖拌勻，熄火。

2 加入2℃冰開水泡軟的吉利丁片融化，續入檸檬汁拌勻，降溫至28℃。待變濃稠時，加入水蜜桃酒、杏桃果泥、燴芒果拌勻，過篩成庫利果泥。＊1

3.6吋空心圓框內底包覆一層保鮮膜，慢慢倒入庫利果泥，約至1公分高處。

4.放上燴芒果，需排放平均，放入冰箱冷凍冰硬。

03 製作芒果布蕾慕斯

Mango Mousse

1.波美糖水做法參照p.23。芒果果泥、打軟的奶油起司倒入盆中拌勻。

2

波美糖水煮滾後沖入蛋黃，再回煮到82℃～85℃，加入以冰水泡軟的吉利丁片拌勻，打到微發（稍淺黃色狀），再倒至另一乾淨的盆中拌勻。＊2

3

義大利蛋白霜做法參照p.59。加入義大利蛋白霜拌勻後，再倒入做法1.的芒果奶油泥拌勻，使口感輕軟膨鬆。＊3

4.倒入百香果酒、打發的鮮奶油和檸檬汁拌勻，觀察慕斯餡已均勻無顆粒狀時即成。

Mango Glacage

製作芒果淋面

所有材料倒入鍋中煮沸，拌勻後熄火，隔冰水降溫至25℃即成。

05

Coconut Dacquise

製作椰香達克瓦茲

1 蛋白倒入盆中，分數次加入細砂糖攪打，打至硬性發泡（勾起蛋白霜尾端呈尖挺狀），再全部倒入另一乾淨盆中。

2.拌入已混合的椰子粉、低筋麵粉攪拌成麵糊。將麵糊倒入已鋪上烘焙紙的烤盤，抹勻成1公分高。

3.均勻撒上過篩後的糖粉。

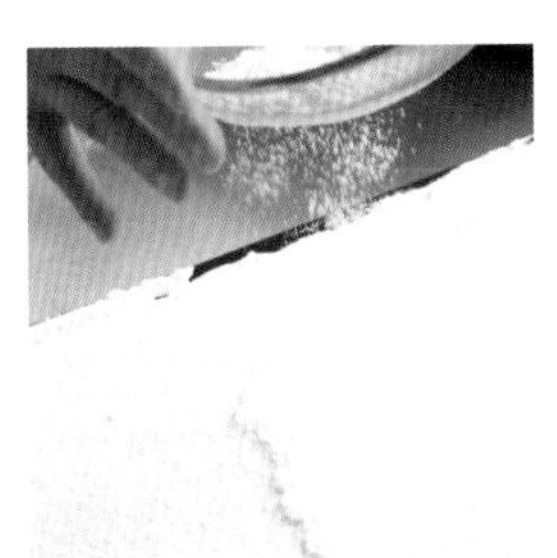

4.放入烤箱，以上火190℃/下火170℃烤15分鐘即成。

06 Mix 組合

1.將芒果布蕾慕斯餡倒入已包覆一層保鮮膜的6吋空心圓框內，抹平。

2.放入合乎模型大小的椰香達克瓦茲。

3.舀入芒果布蕾慕斯餡，放上1片香料鳳梨庫利，稍壓平。

4.再舀入芒果布蕾慕斯餡，放上1片椰香達克瓦茲。

5.淋上芒果淋面，待凝固裝飾即成。

chef's secret 大廚的秘訣

＊1 製作香料鳳梨庫利時，在加入檸檬汁後，須先降溫至28℃，才能接著加入酒，先降溫的作用是在於避免過熱而失敗。

＊2 波美糖水煮滾後，沖入蛋黃，煮到82℃～85℃，可以殺菌，而蛋黃有糖包覆分子作保護，也不致煮熟。食譜上一般都寫煮到85℃，但應注意煮到82℃時就應可熄火，這樣正可煮到85℃，以免因溫度仍在持續上升中。如果等煮到85℃才熄火，溫度上升下，結果往往實際上已煮到了88℃而使成品口感較硬。

＊3 320克的義大利蛋白霜，通常需要準備150g.的蛋白、170g.的細砂糖和50c.c.的水即可，做法則可參照p.59。

＊4 製作香料鳳梨庫利時，加入水蜜桃酒後，要待酒精揮發掉才熄火起鍋，否則仍含有酒精在內，成品容易失敗。

＊5 通常製作點心過程中需要的降溫，可使用隔冰水降溫的方式，降溫的速度較快。

＊6 在以水果製成的庫利中加入了八角，會變成什麼味道呢？一點都不突兀，而是帶有淡淡香香的香味。

＊7 對新手來說，蛋白打到乾性發泡很容易失敗，建議你利用電動攪拌器，選中速攪打，還需注意避免打過頭，否則容易造成蛋白霜中出現顆粒狀而失敗，操作方法可參照p.59。

＊8 通常自製完成的波美糖水，溫度約為30℃。

Sweets Episode Lesson2

大廚的基礎甜點講堂第2課

Meringue

不失敗打發蛋白霜

蛋白霜是製作許多甜點中不可缺少的材料，通常是利用蛋白、細砂糖，而義大利蛋白霜則是蛋白加上熱糖漿打發製成。尤其對一些甜點初入門的人，除了認識各種蛋白霜外，如何製作更是甜點成敗與否的關鍵！

首先，從右邊這個表來瞭解法式蛋白霜（French Meringue）和義大利蛋白霜（Italian Meringue）各方面的差異，讓你更一目了然。接著，再學習如何操作。

名稱	法式蛋白霜	義大利蛋白霜
材料	蛋白＋細砂糖	蛋白＋熱糖漿
打發狀態	有5分發、7～8分發（濕性發泡）、9分發～全發（乾性發泡），不同打發程度都有其用途。	只有乾性發泡
泡沫	顆粒較粗，形狀相對維持較不久，且穩定性較低。	顆粒細緻，形狀維持較久，且穩定度較高。
用途	蛋糕類	慕斯類、蛋白餅類、裝飾

French Meringue DIY

法式蛋白霜DIY

材料

蛋白……………350g.

細砂糖……………100g.

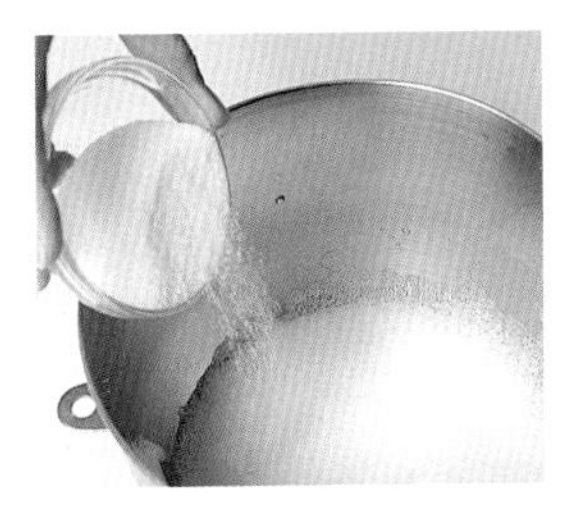

1.蛋白倒入盆中，以中速開始打，當蛋白泡沫顆粒粗大，開始分數次加入細砂糖，調整成高速攪打。當蛋白發泡且氣孔粗大，約五分發。

2.繼續攪打，當以攪拌器舀起蛋白霜，尾端呈彎曲狀，就是一般的濕性發泡蛋白霜（約七分發）。

3.接著攪拌器速度調整稍慢一點（但非中速）繼續攪打，當以攪拌器舀起蛋白霜，尾端呈尖挺狀（約九分發～全發）即成。

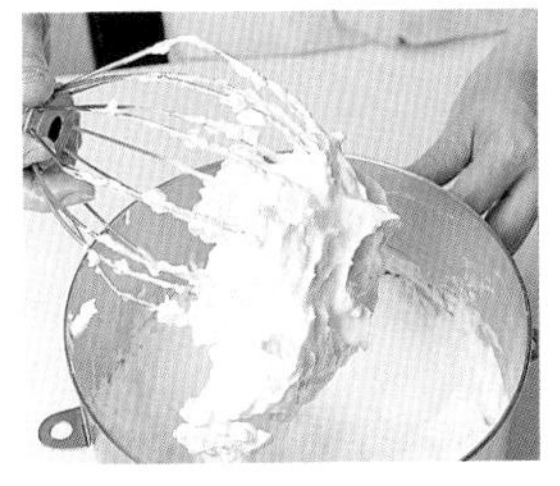

4.如果還繼續攪打，小心會發生打過頭的狀況，就失敗了！

chef's secret 大廚的秘訣

＊1容器洗乾淨後一定要完全擦乾，如不小心留有水氣，蛋白怎麼攪打都不會成功。也不可帶有油脂，所以，分蛋白和蛋黃時記得蛋白不可沾到一點蛋黃。

＊2細砂糖不可一次全部倒入，需分數次、一點一點地加入打發，直到完全用完細砂糖為主。

Italian Meringue DIY

義大利蛋白霜DIY

材料

蛋白……………115g.

細砂糖……………135g.

水……………40c.c.

1.細砂糖、水倒入鍋中混合，在沸騰前不停攪拌，使糖完全溶解，沸騰後就不要繼續攪拌，以免煮至沸騰的糖漿會結晶，繼續煮至約110℃的熱糖漿，轉小火，開始打蛋白。

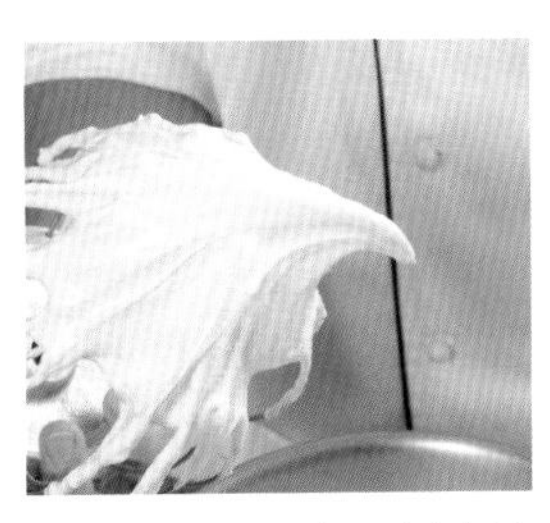

2.蛋白倒入盆中，以中速打至微發，這時速度變慢些，慢慢倒入降溫至107℃的熱糖漿，打至乾性發泡即成。

chef's secret 大廚的秘訣

＊1煮糖漿時，可選用如不鏽鋼鍋子煮，可使糖漿受熱均勻。

＊2細砂糖、水倒入鍋中混合，在煮至沸騰前不停攪拌，使糖完全溶解，但沸騰後不可再攪拌。

＊3煮熱糖漿的時間較長，可先煮，再打蛋白霜。

Sesame Tira Mousse

西森米提雅

提拉米斯（Tiramisu）是1970年被研製出來的義式甜點，必定使用義大利口感細緻略帶酸味、類似奶油的新鮮馬斯卡邦起司（Mascarpone Cheese），加上打發鮮奶油、蛋黃、濃縮咖啡、卡魯哇咖啡香甜酒等材料製成。而西森米提雅這道以芝麻為主味的慕斯蛋糕，是將傳統、典型慕斯融入新創意後研發而成，因此稱為Tira。

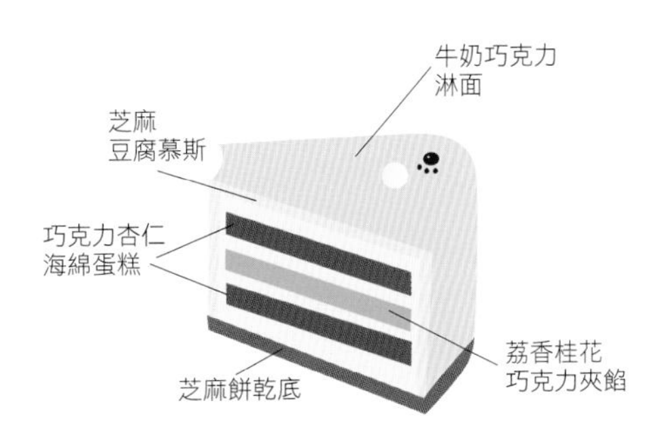

份量	6吋4個
模型	7吋空心圓慕斯框 5吋空心圓慕斯框 60×40公分烤盤
上火/下火	上火180℃/ 下火150℃
單一溫度烤箱	170℃
烘烤時間	20分鐘
賞味期間	冷藏3天

※製作芝麻餅乾底需用到烤箱

材料

荔香桂花巧克力夾餡

動物性鮮奶油……………150g.
白色轉化糖漿＊1…………15g.
乾燥桂花……………………7.5g.
牛奶巧克力…………………85g.
馬達加斯加66%巧克力…50g.
荔枝果泥……………………15g.
荔枝酒……………………25c.c.
奶油…………………………15g.

芝麻餅乾底

奶油………………………150g.
二砂糖……………………100g.
低筋麵粉……………………30g.
杏仁角……………………225g.
黑芝麻………………………75g.

牛奶巧克力淋面

動物性鮮奶油……………500g.
細砂糖………………………80g.
葡萄糖漿………………100 c.c.
牛奶巧克力………………300g.
吉利丁片……………………12g.
2℃冰開水………………75c.c.

芝麻豆腐慕斯

馬斯卡邦起司……………300g.
蛋黃…………………………80g.
細砂糖………………………40g.
海藻糖………………………20g.
蜂蜜…………………………30g.
打發的動物性鮮奶油……600g.
有機豆腐…………………100g.
黑芝麻粉……………………20g.
吉利丁片……………………12g.
2℃冰開水………………75c.c.

其他

巧克力杏仁海綿蛋糕……適量

Lychee Osmanthus Fragrans Garache

製作荔香桂花巧克力夾餡

1. 牛奶巧克力、馬達加斯加66%巧克力倒入盆中，隔水加熱，融化成約45℃的巧克力液。

2 鮮奶油、轉化糖漿、乾燥桂花倒入鍋中煮滾，以濾網過篩，加入巧克力液中，以均質機乳化。＊2

3 加入荔枝果泥，以均質機乳化，待降溫至35℃時，加入軟化的奶油、荔枝酒拌勻成荔香桂花巧克力夾餡。

4. 將夾餡倒入底部包覆一層保鮮膜的5吋空心模型內，放入冰箱冷藏。

02

Sesamr Cookies

製作芝麻餅乾底

1.奶油、二砂糖倒入鍋內煮融，拌煮至散發糖香的微焦程度。

2.加入混合的黑芝麻、杏仁角拌勻。

3.再加入低筋麵粉拌勻成餅乾底。

4 將餅乾糊倒入底部包覆一層保鮮膜的5吋模型內，壓鋪成厚度約0.2～0.3公分的薄薄一層，放入烤箱，以上下火皆170℃烤約20分鐘。**＊3**

03

Milk Chocolate Glacage

製作牛奶巧克力淋面

1.鮮奶油、細砂糖、葡萄糖漿倒入鍋中煮至85℃，分次沖入牛奶巧克力中。

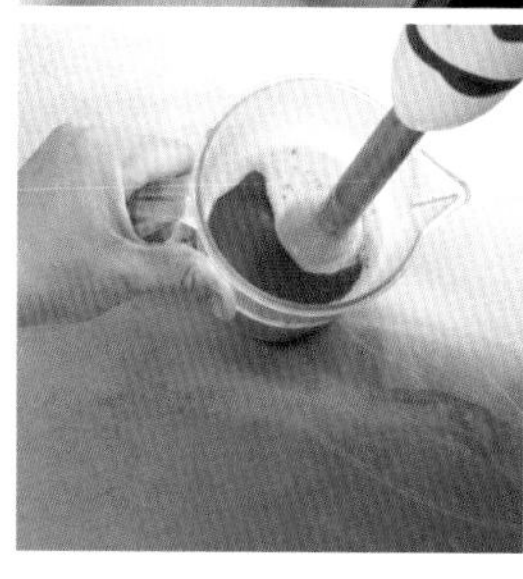

2.以均質機乳化，再加入以2℃冰開水泡軟的吉利丁片拌勻即成。

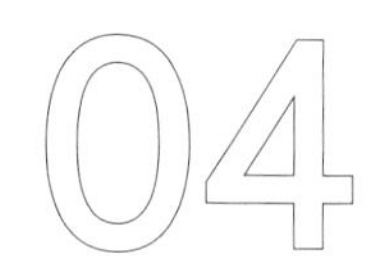

Sesame Tofu Mousse

製作芝麻豆腐慕斯

1.蛋黃、細砂糖、海藻糖、蜂蜜倒入盆中拌勻。

2 整盆隔著煮滾的熱水打發，煮到82℃再攪拌均勻細緻。**＊4**

3.加入以調理機打碎的有機豆腐。

4.先加黑芝麻粉拌勻，再加入以2℃冰開水泡軟的吉利丁片拌勻。

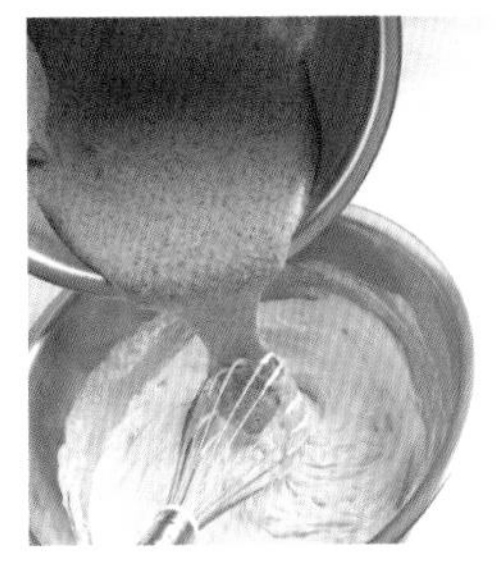

5.加入馬斯卡邦起司拌勻。

6.倒入另一盆中，再隔著2℃冰開水降溫至26～28℃。

加入打發的鮮奶油拌勻即成。

05 Mix 組合

1.將芝麻餅乾底中間挖空，放入底部包覆一層保鮮膜的7吋模型中，接著倒入芝麻豆腐慕斯，倒至模型一半高度。

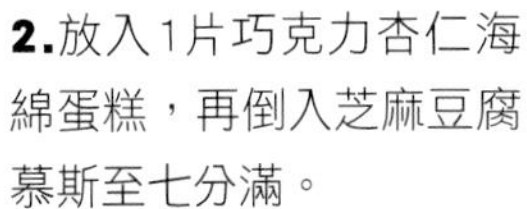

2.放入1片巧克力杏仁海綿蛋糕，再倒入芝麻豆腐慕斯至七分滿。

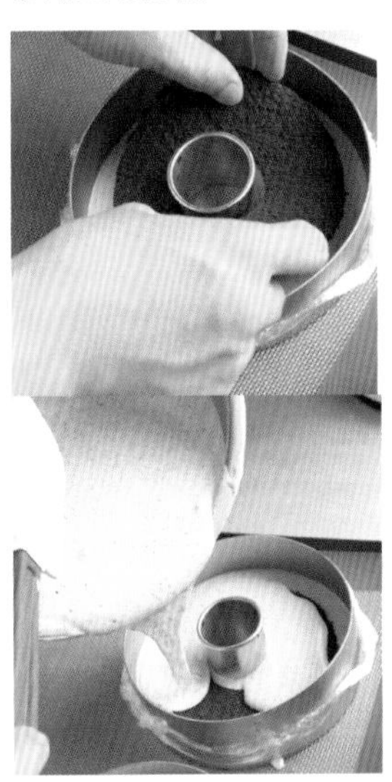

3.放入荔香桂花巧克力夾餡，下壓。

4.倒入芝麻豆腐慕斯至八、九分滿。

5.放上1片巧克力杏仁海綿蛋糕片，放入冰箱冷凍約6小時後取出。

6.淋上牛奶巧克力淋面，放入冰箱冷藏6小時，或者以冷凍4小時，取出再裝飾即成。

chef's secret
大廚的秘訣

＊1 白色轉化糖漿（Trimoline），用途在於保濕、防止結晶，一般多用於巧克力、糖果等點心的製作。

＊2 手持均質機又稱「手持攪拌機」，可將食材切分得非常細微，使之更容易乳化，可至百貨公司或烘焙行購買。如果家中沒有，以攪拌器攪拌亦可，但成品不若使用均質機來得細緻。

＊3 空心圓慕斯框下面包的是一般的保鮮膜，因倒入的慕斯等材料溫度不會過高，因此能耐住溫度。

＊4 製作芝麻豆腐慕斯時，蛋黃、細砂糖、海藻糖、蜂蜜入攪拌勻後，另一煮鍋倒入水在旁先煮沸，再把鋼盆移到煮鍋上隔著熱水打發，煮到82℃，是為了便於控制溫度，不使它直接接近火源，而避免煮得太熟而失敗。

＊5 製作點心時常會用到軟化奶油，這是指取出存放在冰箱中的奶油，放在室溫下直到以手指可壓入的軟度，這時約為25℃的質地柔軟奶油。

＊6 這道慕斯蛋糕從提拉米蘇的基礎創新而製作成，注意製作芝麻豆腐慕斯麵糊時，蛋黃煮開的溫度要夠，才能殺菌，並可使蛋糕成品吃起來口感細緻。

＊7 可以不必買模具，自己彈性製作空心圓模，可在7吋空心圓慕斯框中間，擺放一個5吋空心圓慕斯框，倒麵糊時，倒入同心圓的範圍內即成。

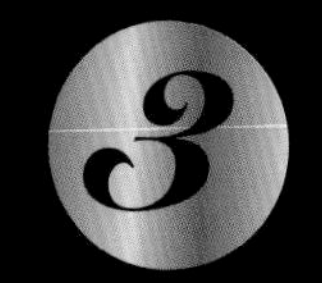

Basic Cakes DIY

製作美味的基礎蛋糕體

書中出現了許多以餅乾、慕斯餡料、蛋糕體等層層相疊組合而成的慕斯類點心。製作這類點心中，蛋糕體這一層也是很重要的環節。以下要教你製作的杏仁海綿蛋糕，以及巧克力杏仁海綿蛋糕這兩種蛋糕體，是慕斯類點心最常用到的。此外，也可以蛋糕搭配鮮奶油、水果、巧克力，製成各式的蛋糕。

Almond Sponge Cake DIY

杏仁海綿蛋糕DIY

材料

全蛋………570g.
細砂糖……………260g.
蛋白………390g.
糖粉……………135g.
杏仁粉…………435g.
日本低筋麵粉……115g.
奶油……………85g.

1.全蛋倒入盆中，加入細砂糖混合，再打發到九分發的綿密程度（蛋糊有線條狀）。

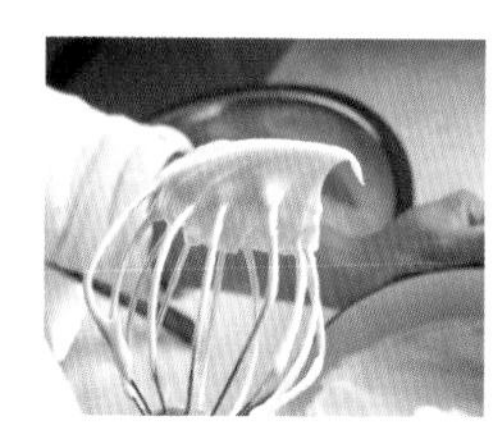

2.蛋白倒入盆中，直接攪打至全發，即以攪拌器舀起蛋白霜而不會滴落。

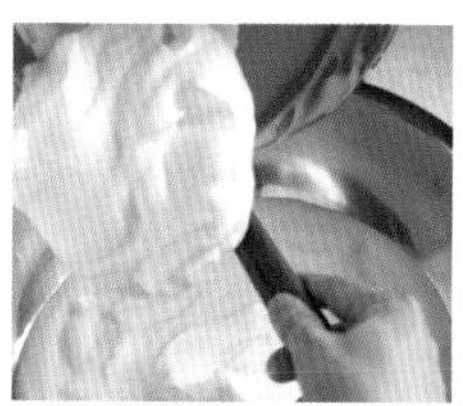

3.將蛋白霜拌入蛋糊中。

4.取一部份拌好的做法3.，加入隔水融化保持在45℃的奶油中拌勻。

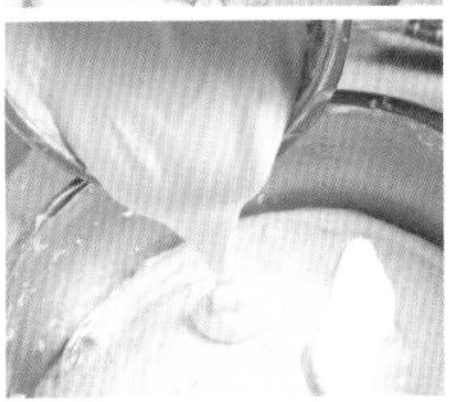

5.其餘拌好的做法3.倒入另一盆中，加入已過篩混合的杏仁粉、低筋麵粉，再加入糖粉拌勻，整盆倒入做法4.中拌勻成麵糊。

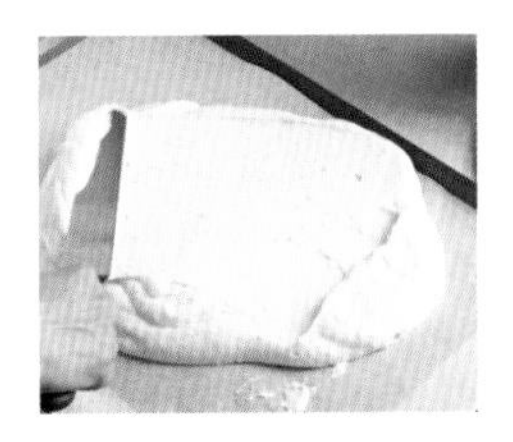

6.將麵糊倒入已鋪上烘焙紙的烤盤（60×40公分）裡面，抹平表面，放入烤箱，以上火210℃/下火180℃烤12～15分鐘，可烤出約3盤的量。

Chocolate Almond Sponge Cake DIY

巧克力杏仁海綿蛋糕DIY

材料

杏仁膏	400g.
糖粉	160g.
全蛋	200g.
蛋黃	60g.
低筋麵粉	100g.
可可粉	100g.
蛋白	375g.
細砂糖	200g.
奶油	120g.

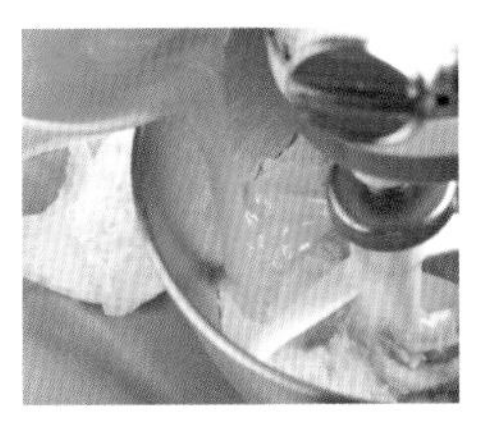

1.杏仁膏倒入盆中約打10秒至微發，分次少量加入蛋黃、全蛋，拌至均勻且無顆粒。

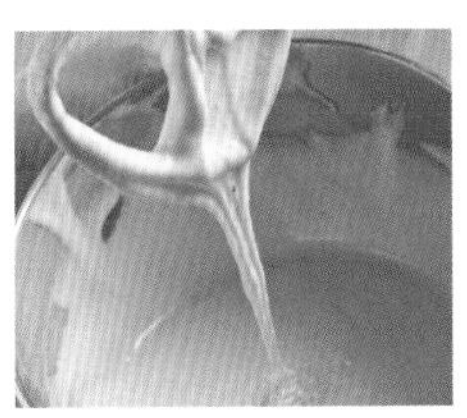

2.加入糖粉打發，打到柔性發泡成杏仁蛋糊。

3.將蛋白倒入另一盆中，分數次加入細砂糖，攪打至濕性發泡，即以攪拌器舀起蛋白霜，尾端呈彎曲狀。

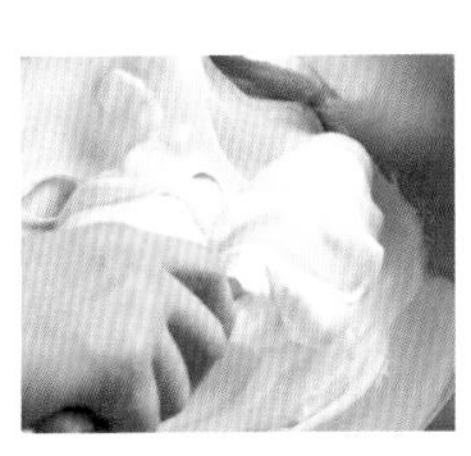

4.將蛋白霜拌入杏仁蛋糊，拌勻成麵糊。

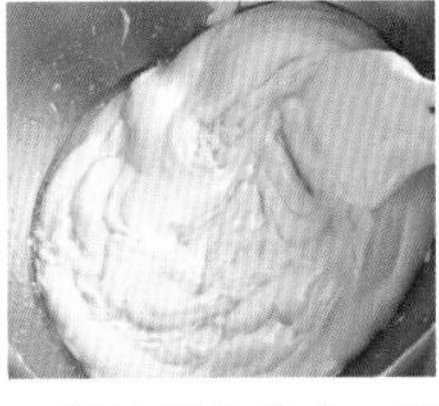

5.奶油倒入鍋中，隔水加熱融化至45℃。將保持於45℃的奶油倒入麵糊拌勻。

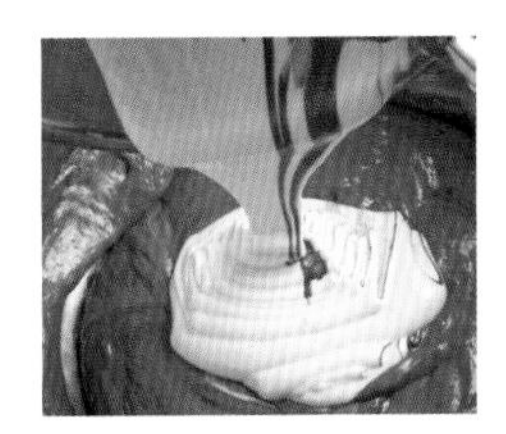

6.加入低筋麵粉、可可粉拌勻成巧克力杏仁麵糊。

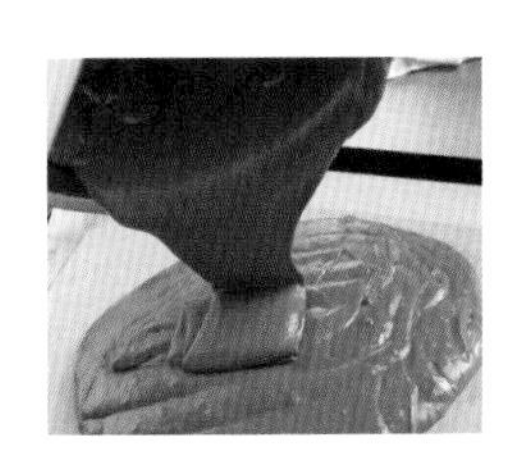

7.將巧克力杏仁麵糊倒入已鋪上烘焙紙的烤盤（60×40公分）裡面。

8.推勻抹平，放入烤箱，以上火200℃/下火200℃烤約18分鐘，可烤出約2盤的量。

chef's secret 大廚的秘訣

*蛋白霜打至濕性發泡的技巧，可參照p.59的詳細說明。

Passion Fruit Chocolate Mousse

法朵

這是一道相當傳統的法式水果餡慕斯蛋糕，使用大量的糖、油來製成熱帶水果奶油餡和巧克力慕斯。搭配了香脆的堅果酥餅，以及法式點心中常見的巧克力達克瓦茲，是一道多層次的點心，最後淋上了巧克力淋面，讓法朵搖身一變成為豪華法式甜點。

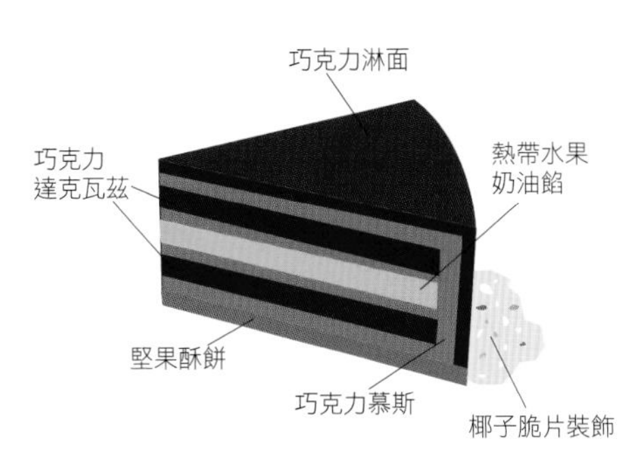

份量	6吋3個
模型	矽利康（Silicone） 6吋模＊1 （熱帶水果奶油餡） 6吋空心圓慕斯框 （堅果酥餅） 40×60公分烤盤 （巧克力達克瓦茲） 40×60公分烤盤 （椰子脆片）
上火/下火	上火150℃/下火150℃ （堅果酥餅） 上火180℃/下火160℃ （巧克力達克瓦茲）
單一溫度烤箱	150℃（堅果酥餅） 170℃ （巧克力達克瓦茲）
烘烤時間	30分鐘（堅果酥餅） 16分鐘 （巧克力達克瓦茲）
賞味期間	冷藏3天

※製作堅果酥餅、巧克力達克瓦茲需用到烤箱

材料

熱帶水果奶油餡

百香果果泥⋯⋯⋯⋯⋯⋯⋯⋯⋯90g.
檸檬果泥⋯⋯⋯⋯⋯⋯⋯⋯⋯⋯25g.
香蕉果泥⋯⋯⋯⋯⋯⋯⋯⋯⋯⋯40g.
椰子果泥⋯⋯⋯⋯⋯⋯⋯⋯⋯⋯40g.
香草莢⋯⋯⋯⋯⋯⋯⋯⋯⋯⋯⋯1支
全蛋⋯⋯⋯⋯⋯⋯⋯⋯⋯⋯⋯⋯200g.
細砂糖⋯⋯⋯⋯⋯⋯⋯⋯⋯⋯⋯270g.
奶油⋯⋯⋯⋯⋯⋯⋯⋯⋯⋯⋯⋯300g.
吉利丁片⋯⋯⋯⋯⋯⋯⋯⋯⋯⋯4g.
2℃冰開水⋯⋯⋯⋯⋯⋯⋯⋯⋯25c.c.

堅果酥餅

奶油⋯⋯⋯⋯⋯⋯⋯⋯⋯⋯⋯⋯150g.
紅糖⋯⋯⋯⋯⋯⋯⋯⋯⋯⋯⋯⋯100g.
榛果碎⋯⋯⋯⋯⋯⋯⋯⋯⋯⋯⋯100g.
杏仁片⋯⋯⋯⋯⋯⋯⋯⋯⋯⋯⋯180g.
可可皮⋯⋯⋯⋯⋯⋯⋯⋯⋯⋯⋯25g.

巧克力慕斯

椰子果泥⋯⋯⋯⋯⋯⋯⋯⋯⋯⋯330g.
細砂糖⋯⋯⋯⋯⋯⋯⋯⋯⋯⋯⋯120g.
蛋黃⋯⋯⋯⋯⋯⋯⋯⋯⋯⋯⋯⋯240g.
融化的66%馬達加斯加巧克力
⋯⋯⋯⋯⋯⋯⋯⋯⋯⋯⋯⋯⋯⋯510g.
打發的動物性鮮奶油⋯⋯775g.
吉利丁片⋯⋯⋯⋯⋯⋯⋯⋯⋯⋯4g.
2℃冰開水⋯⋯⋯⋯⋯⋯⋯⋯⋯25c.c.
大茴香⋯⋯⋯⋯⋯⋯⋯⋯⋯⋯⋯8g.
八角⋯⋯⋯⋯⋯⋯⋯⋯⋯⋯⋯⋯8g.

巧克力達克瓦茲

蛋白⋯⋯⋯⋯⋯⋯⋯⋯⋯⋯⋯⋯175g.
蛋白粉⋯⋯⋯⋯⋯⋯⋯⋯⋯⋯⋯5g.
細砂糖⋯⋯⋯⋯⋯⋯⋯⋯⋯⋯⋯155g.
70%巧克力⋯⋯⋯⋯⋯⋯⋯⋯⋯140g.
微烤過的榛果粉⋯⋯⋯⋯⋯165g.

巧克力淋面

水⋯⋯⋯⋯⋯⋯⋯⋯⋯⋯⋯⋯⋯300c.c.
細砂糖⋯⋯⋯⋯⋯⋯⋯⋯⋯⋯⋯360g.
動物性鮮奶油⋯⋯⋯⋯⋯⋯⋯250g.
可可粉⋯⋯⋯⋯⋯⋯⋯⋯⋯⋯⋯120g.
吉利丁片⋯⋯⋯⋯⋯⋯⋯⋯⋯⋯18g.
2℃冰開水⋯⋯⋯⋯⋯⋯⋯⋯⋯110c.c.

裝飾用椰子脆片

芭芮脆片＊2⋯⋯⋯⋯⋯⋯⋯⋯200g.
椰子粉⋯⋯⋯⋯⋯⋯⋯⋯⋯⋯⋯140g.
白巧克力⋯⋯⋯⋯⋯⋯⋯⋯⋯⋯200g.
可可脂⋯⋯⋯⋯⋯⋯⋯⋯⋯⋯⋯80g.

01 製作熱帶水果奶油餡

Four Season Fruit Cream

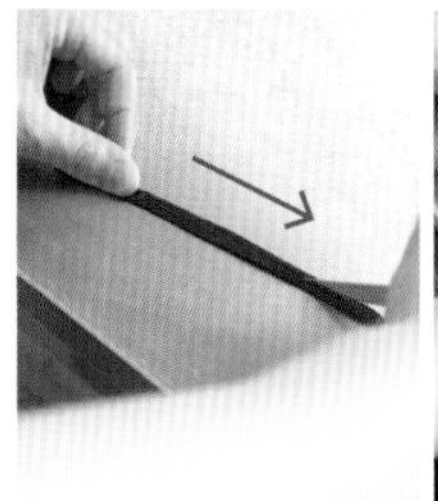

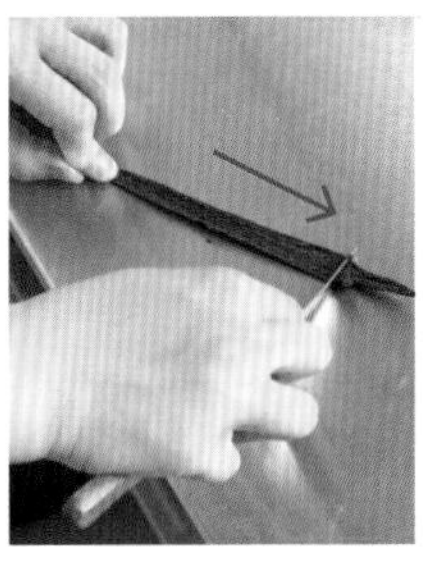

1. 以刀尖參照圖片中箭頭方向切（剖）開香草莢，再將刀改為和桌面垂直，依箭頭方向刮下香草籽。

2. 香草莢放入鍋中，加入百香果果泥、檸檬果泥、香蕉果泥、椰子果泥煮滾，即成綜合果泥。

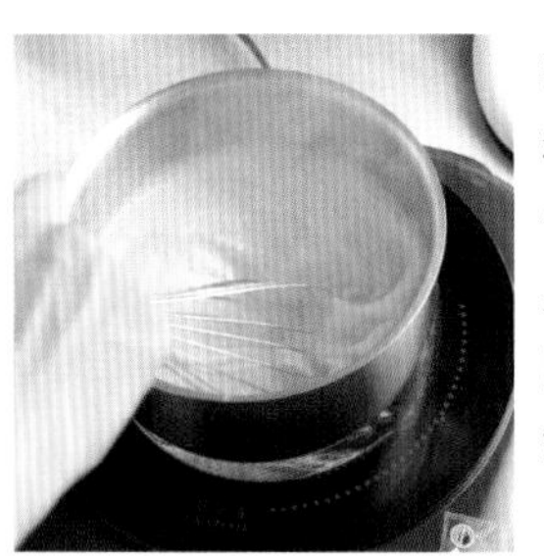

3.將全蛋、細砂糖倒入盆中拌勻，加入熱綜合果泥拌勻，再倒回鍋中煮約1分鐘至滾。＊3

4.加入以2℃冰開水泡軟的吉利丁片、奶油拌勻成餡，然後灌入圓模內。

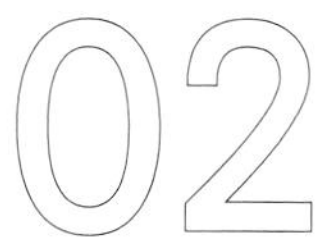

02 Nut Shortbread 製作堅果酥餅

1.奶油放入盆內，先加入紅糖拌勻，再加入混合好的榛果碎、杏仁片、可可皮拌勻，即成果碎麵糊。

2 將果碎麵糊倒入3個慕斯框，勻稱壓底壓平。放入烤箱，以上下火都是150℃烤約30分鐘即成。

03 Chocolate Mousse 製作巧克力慕斯

1.椰子果泥倒入鍋中，加熱煮至60℃。加入大茴香、八角一起煮滾，封上保鮮膜靜置20分鐘。

2.將靜置的果泥以濾網濾出汁液，將汁液煮至滾。

3.蛋黃放入盆中，加入細砂糖拌勻成蛋黃液。

4 將椰子果泥汁倒入蛋黃液中拌勻，再倒回煮鍋回煮至82℃，拌勻。

5.加入吉利丁片，再和已隔水加熱融化的馬達加斯加巧克力乳化，最後加入打發的鮮奶油拌勻即成。

Chocolate Dacquise

製作巧克力達克瓦茲

1.蛋白、蛋白粉、細砂糖倒入盆中打至硬性發泡（勾起蛋白霜尾端呈尖挺狀），拌入融化的巧克力。

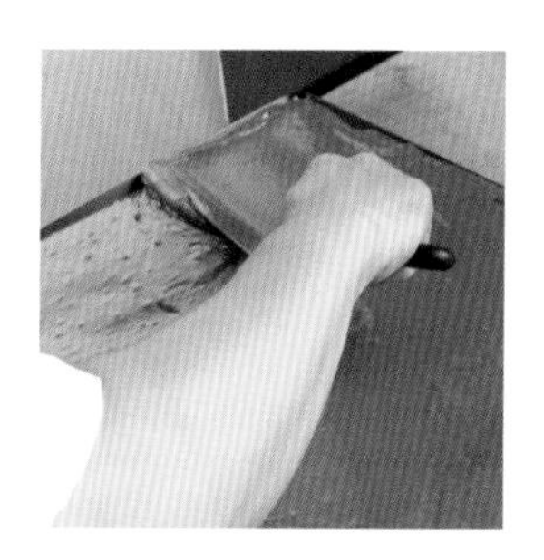

2.加入微烤過的榛果粉拌勻，平鋪入烤盤，放入烤箱，以上火180℃/下火160℃烤16分鐘即成。

05 Chocolate Glacage 製作巧克力淋面

1.將水、1/2量的細砂糖倒入鍋中煮滾。

2.可可粉和剩餘的細砂糖拌勻，倒入熱糖水中混勻。

3.鮮奶油倒入另一鍋中煮滾。

4 將熱鮮奶油加入可可水中，待降溫至26℃～28℃，加入吉利丁片融化，即成巧克力淋面（另一種做法可參照p.70大廚的秘訣**＊4、＊5**）。

Coconut Chocolate

製作椰子脆片

1.椰子粉先烤過。可可脂倒入鍋中，以隔水加熱融化，以溫度計測溫後保持在32℃，不可超過32℃。

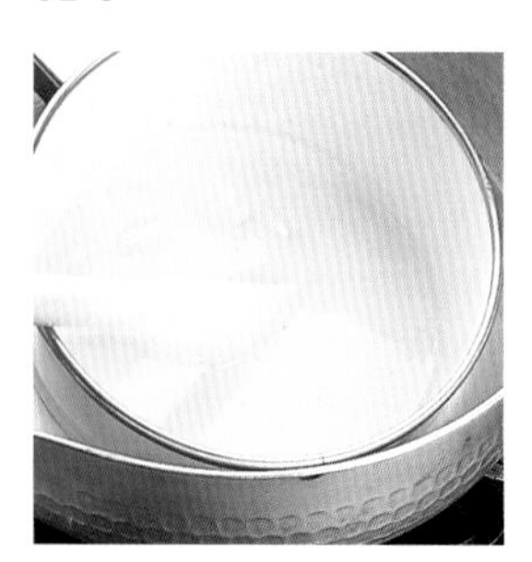

2

將白巧克力放入鍋中，隔水加熱融化至45℃，加入可可脂，以大理石調溫法調溫至30℃，再加入椰子粉拌勻成脆片巧克力，捏成小三角狀，保存在室溫１８度即可。**＊6**

07 Mix 組合

1.在6吋慕斯模內底部的堅果酥餅上，墊上椰子脆片，再灌入巧克力慕斯。

2.依序放一片巧克力達克瓦茲，填入熱帶水果餡，再放一片巧克力達克瓦茲。淋上巧克力淋面，裝飾表面即成。

chef's secret 大廚的秘訣

＊1 矽利康（Silicone）模型是以矽膠製成，它的材質可耐烘焙過程中的高溫。像烘烤馬卡龍等底部需平才好看的甜點，可用矽利康墊取代烘焙紙，避免紙變皺影響品項。

＊2 材料中的可可皮和可可碎相同，是整顆可可豆乾燥後再磨碎使用，依然保留住香氣。而芭芮脆片（Paillet Feuilletine）的製造廠商是Cacao Barry，也可用一般脆品取代。

＊3 在製作熱帶水果奶油餡的做法3.中，由於糖有保護蛋的作用，所以不會煮熟，但一煮熟就得離火熄火，否則質感會稍變硬。

＊4 製作巧克力慕斯時，椰子果泥煮至60℃，加入大茴香、八角同煮，封保鮮膜，靜置20分鐘後過濾出汁液，取汁液煮滾的同時，須注意要補足耗損的重量，使成品看起來不縮水，所以如有剩餘的少量食材或慕斯麵糊等，最好先另放盆裡，不要立刻洗掉、清理掉，以免無料可補。

＊5 製作巧克力淋面，最後要加的吉利丁片，最好等淋面液涼後，放入冰箱冷藏1夜，隔天取出再煮到26℃～28℃時，才加吉利丁片融化，這樣做出來的淋面會比較光滑亮麗。

＊6 所謂大理石調溫，詳細做法可參照p.71。

＊7 乳化是指破壞油和水的表面張力，使油成為極小的粒子，均勻分佈在水中而不分離，表現呈光滑狀，這就是乳化劑的乳化作用。通常是用在以鮮奶油和巧克力製成巧克力甘那許（Ganache，即巧克力奶油醬），或是任何水和油的結合時。

Sweets Episode Lesson4

大廚的基礎甜點講堂第4課

Advanced Chocolate Skills

巧克力進階技巧

你是否有過買了進口品牌法芙那、Corma等的調溫巧克力，想重新製作成其他形狀，但最終因不易凝固而無法脫膜失敗。在本書中，像製作p.126的櫻桃酒巧克力、p.128的生薑巧克力、p.66的法朵時，都有將調溫巧克力隔水加熱融化後，再經由特殊調溫法使其凝結而製成其他甜點的步驟，如果調溫巧克力不經過適當調溫法而達到最佳溫度，是沒辦法使其凝結的。

以下要介紹的大理石調溫法，就是幫助調溫巧克力能達到最佳溫度的方法，以及活用完成調溫的巧克力液來灌膜。

Tempering Chocolate

大理石調溫法

材料

進口品牌調溫巧克力……………適量

1.巧克力隔水加熱至48℃融解。

2.將融解的巧克力液倒入乾淨的大理石桌面，一邊使用巧克力刮刀呈S型劃圈攪拌巧克力液，使其降溫至26℃～27℃。

3.將巧克力液再舀回鍋中，再經過隔水加熱至30℃。

4.這時以抹刀前端沾取少許巧克力液，放在冷氣低溫室內，若3分鐘能凝結即成功。但若巧克力液表面有產生霧狀或不光亮，則代表則調溫溫度過高或方法有誤。

chef's secret 大廚的秘訣

＊1大理石板一般的溫度約在12℃，直接用來做巧克力調溫最適合。勿用其他如不鏽鋼、美耐板等材質操作。

＊2如果真的找不到大理石板，可以隔冰水的方法取代。就是將隔水加熱成48℃的那鍋巧克力，底下直接套一盆冰塊水，邊攪拌使其降溫至26℃～27℃。接著，再將整鍋巧克力液隔水再次加熱至約30℃即成。

＊3只有調溫巧克力才需要再經過調溫使其凝結，一般的非調溫巧克力因使用了大量植物油，已不含可可脂或含量過少，所以不需再經過調溫也可凝結。

Chocolate DIY

活用調溫巧克力液灌模

材料

進口品牌調溫巧克力……………適量

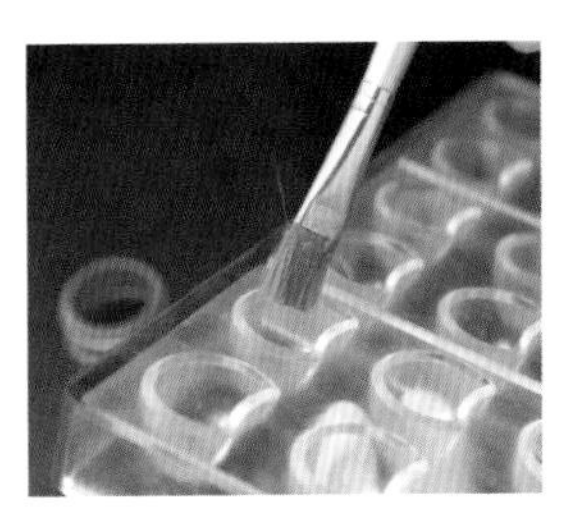

1.完成調溫的巧克力液若要倒入模型中，可先在模具內先噴上薄薄的一層有顏色的可可脂。

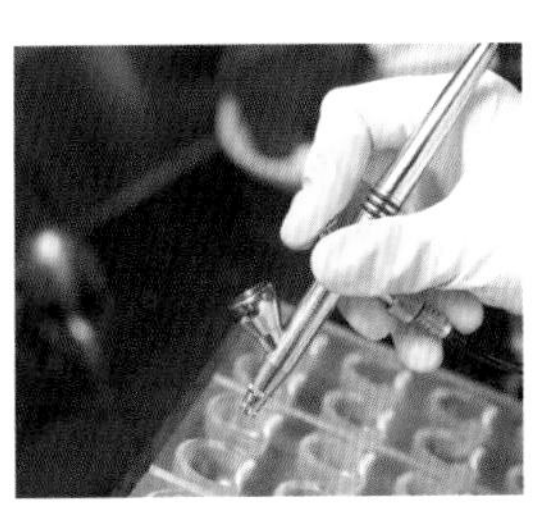

2.待可可脂凝固（溫度22℃以下，約5～10分鐘即凝固，所以如果溫度太高，可放入冰箱冷藏，但不可冷藏超過10分鐘）之後，刷上巧克力專用閃亮金色粉。

3.以吹風機吹要灌入的巧克力液，使溫度保持在31～32℃，則是適合灌模的最理想溫度。

ke & Pudding

蛋糕&布丁

以香濃的巧克力、起司做成的蛋糕，還有柔軟可口的布丁、果凍，是一年四季都適合品嚐的點心。

Cottage Cheese Cake

卡比士其

卡比士其，又稱作「茅屋起司」，是一美味、營養兼具的甜點。主材料是乳脂肪只有3%、常溫的卡迪吉起司（Cottage Cheese），是低脂低糖的新鮮起司。卡迪吉起司略有些許顆粒，入口有股微香清淡滋味，與一般奶油起司的香濃味全然不同，受到嗜食新鮮起司的人的歡迎。

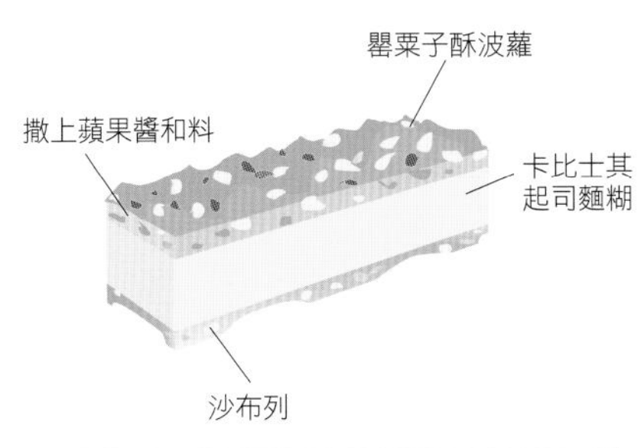

份量	1盤
模型	30×20公分，約1/4規格的烤盤
上火/下火	上火170℃/下火140℃（沙布列）
單一溫度烤箱	170℃
烘烤時間	40分鐘
賞味期間	冷藏3天

※製作沙布列需用到烤箱

材料

罌粟子酥波蘿

奶油……200g.
糖粉……200g.
罌粟子……80g.
杏仁粉……140g.
低筋麵粉……220g.
海鹽……5g.

沙布列

奶油……175g.
楓糖顆粒＊2……90g.
鹽……1g.
全蛋……50g.
杏仁粉……30g.
低筋麵粉……250g.
泡打粉……1g.

卡比士其起司麵糊

奶油起司（Cream Cheese）……100g.
卡迪吉起司（Cottage Cheese）＊1……210g.
酸奶……25g.
香檳巧克力餡……25g.
糖粉……20g.
低筋麵粉……20g.
玉米粉……20g.
牛奶……115c.c.
蛋黃……40g.
檸檬汁……15c.c.
蛋白……150g.
細砂糖……45g.
奶油……20g.
香草精……2g.

其他

切丁蘋果醬……200g.

01 Poppy Seeds Crumble 製作罌粟子酥波蘿

1.糖粉、罌粟子、杏仁粉、低筋麵粉、海鹽倒入盆中，混合後拌勻。

2 奶油切丁後放冷藏一個晚上，取出放入盆中，加入之前拌勻的粉類，以刮刀攪拌至呈顆粒狀即成。＊3

02 Sables 製作沙布列

1.奶油、楓糖顆粒、鹽倒入盆中，混合後拌勻。

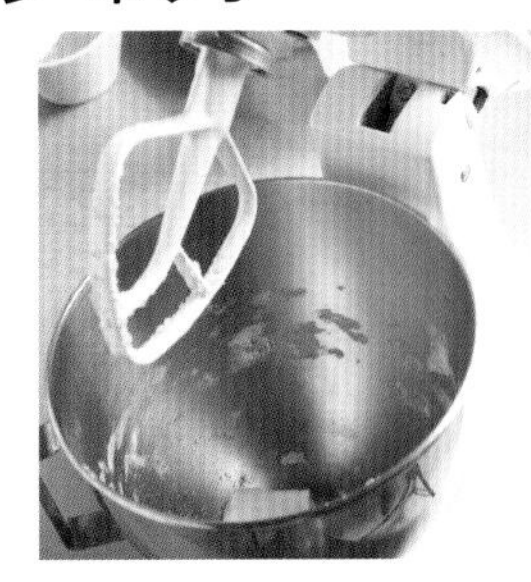

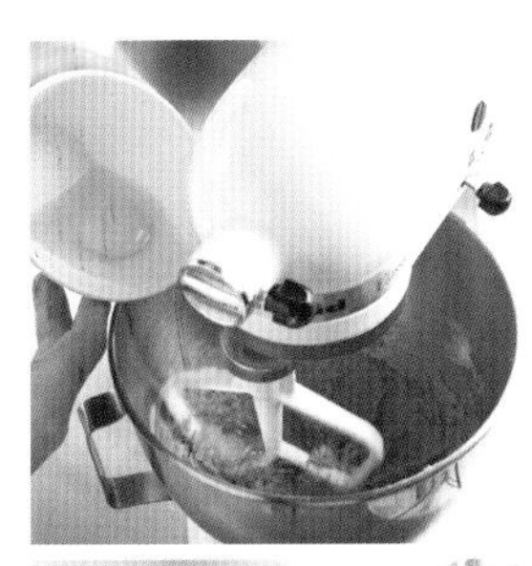

2 分次慢慢加入全蛋攪拌。＊4

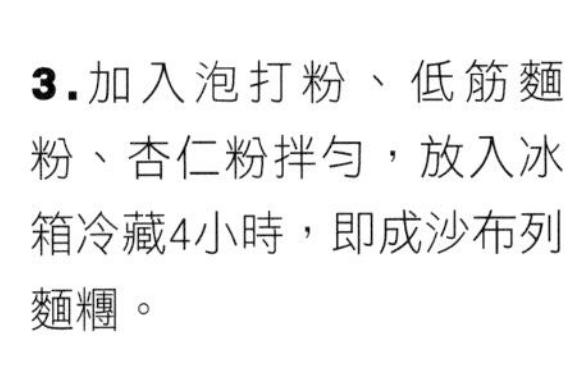

3.加入泡打粉、低筋麵粉、杏仁粉拌勻，放入冰箱冷藏4小時，即成沙布列麵糰。

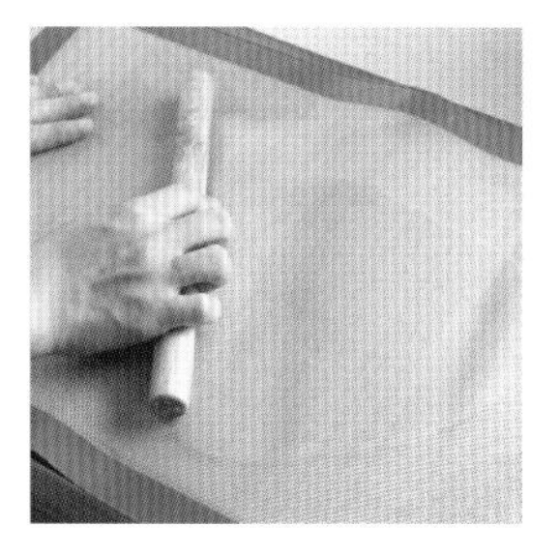

4.取出沙布列麵糰放在一張烤墊上，上方再蓋上一張烤墊或烤盤紙，擀成約0.2公分厚的麵皮。

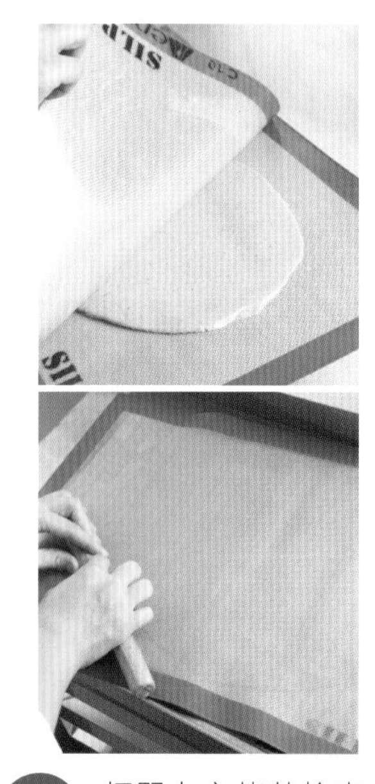

5 打開上方烤墊檢查一下麵糰是否確實達到0.2公分的厚度，再放回烤墊，擀成更薄的片狀。

6.用空心長方框模壓切沙布列麵皮，壓成模型的形狀。裁掉四邊多餘的麵皮移至烤盤上，放入烤箱，以上火170℃/下火140℃烤約40分鐘。

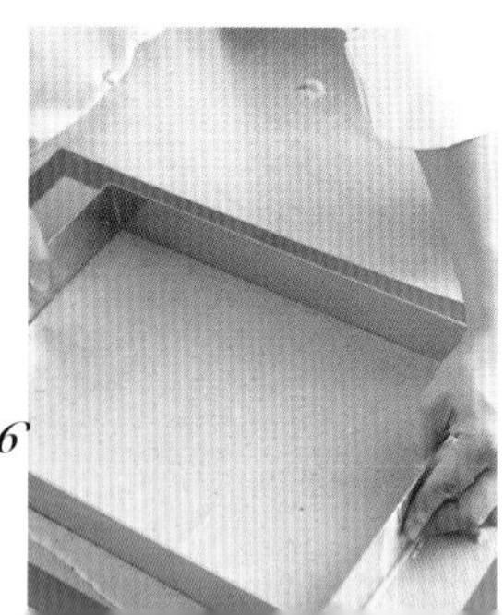

03 製作卡比士其起司麵糊

Cottage Cheese Mousse

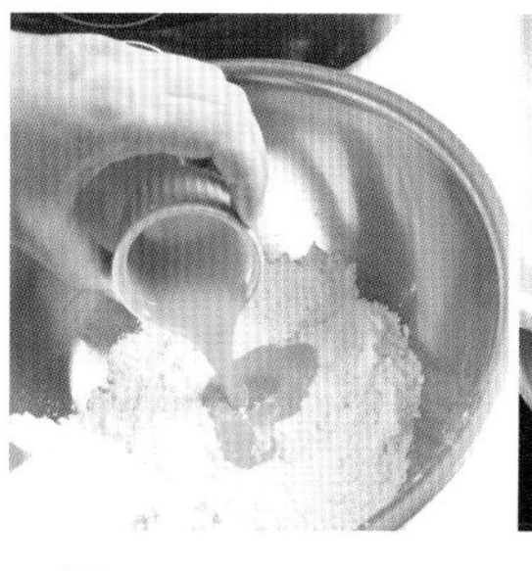

1 過篩的糖粉、低筋麵粉、玉米粉倒入盆中，混合後拌勻，加入蛋黃拌勻。＊5

2.將煮滾的牛奶倒入拌勻的粉類後再拌勻，整個倒回鍋中煮至滾，加入酸奶、香檳巧克力餡，即成巧克力糊。

3.巧克力糊離火，加入奶油起司拌軟。

4.整鍋巧克力糊再加熱拌勻即可。

5.巧克力糊離火，加入卡迪吉起司攪拌，再煮熱拌勻成巧克力起司糊。

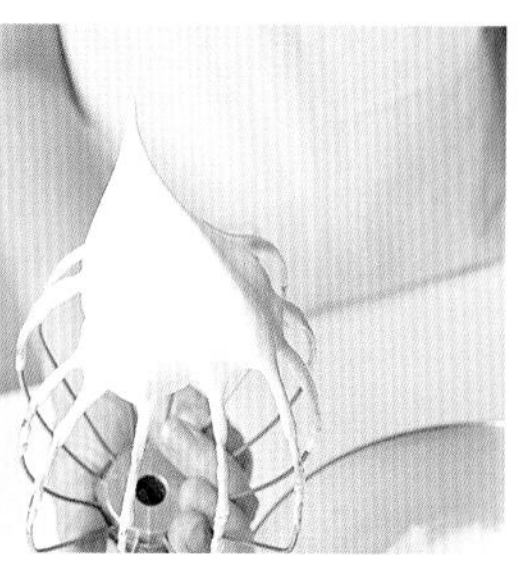

6.蛋白倒入盆中，分次加入細砂糖，打至約九分發的乾性發泡（勾起蛋白霜的尾端呈尖挺的勾狀）。

7 蛋白霜分次加入巧克力起司糊中拌勻，直到全部蛋白霜都加入後拌勻。再加入融化了的奶油、香草精和檸檬汁拌勻即成。

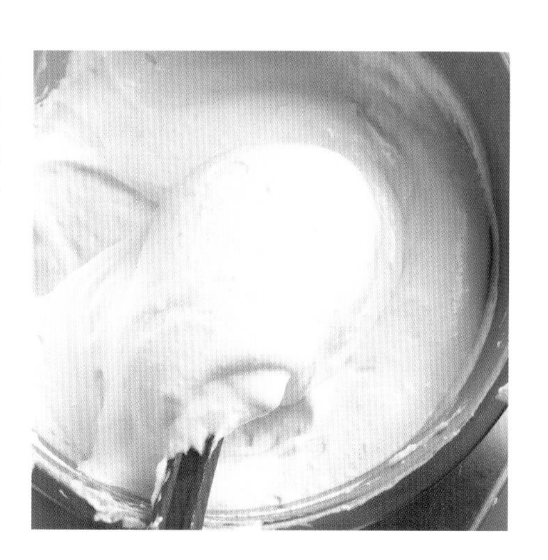

04 組合 Mix

1.將卡比士其起司麵糊慢慢倒入烤好的沙布列上，再抹平。

2.放上適量的蘋果醬和料。

3.撒上罌粟子酥波蘿。

4

底下再多套一層烤盤，放入烤箱，以上火170℃/下火140℃烤約40分鐘，以免過焦。

chef's secret 大廚的秘訣

＊1 卡迪吉起司（Cottage Cheese）是法國生產的新鮮起司，有點類似優格，可在烘焙食材行買到，如果買不到，可以製作提拉米蘇的馬斯卡邦起司（Mascarpone Cheese）來代替，或使用無糖的純優格。

＊2 楓糖顆粒不同於常見的楓糖漿，楓糖漿含較多水分，不適合用來製作烘焙類的餅乾。而楓糖顆粒較乾燥，亦具有香氣，用在這裡很合適，可在烘焙材料行買到。

＊3 製作罌粟子酥波蘿時，所用的奶油和一般用法不同，切勿融化、回溫，而是必須放入冰箱冷藏一個晚上，或冷凍至呈凝固狀，這樣加上粉類拌勻，烤好後才會變成顆粒狀的酥波蘿。

＊4 製作沙布列的做法2.中，因材料中有奶油，必須將蛋液分次加入一點點拌勻，不僅幫助拌勻，且較不易失敗。

＊5 在製作卡比士其起司麵糊時，粉類材料應先過篩再拌入，較易拌均勻細緻，做出來的起司麵糊口感也較佳，萬一忘記先過篩，以致麵糊有結粒狀時，可利用篩網過濾，壓磨結粒的麵糊讓它散開再拌勻。

Half-baked Cheese Cake

半熟起司蛋糕

「半熟起司布丁蛋糕」，意味著「輕烘焙」，而且強調半糖、半熱量。它是介於起司蛋糕和布丁之間，清爽香醇的口感，讓味蕾體會所謂的「光滑的食感」。算是法式點心界的新體驗，更足以掀起新的一波美味點心品嘗熱潮。

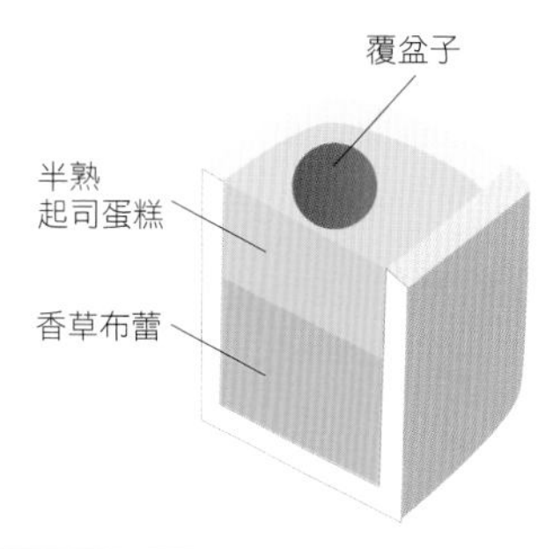

份量	12個
模型	杯模或布丁模
上火/下火	上火160℃/ 下火160℃（布蕾） 上火190℃/ 下火150℃（起司）
單一溫度烤箱	160℃（布蕾） 190℃（起司）
烘烤時間	20～25分鐘（布蕾） 25～30分鐘（起司）
賞味期間	冷藏1天

材料

香草布蕾

- 動物性鮮奶油⋯⋯⋯⋯⋯⋯200g.
- 鮮奶⋯⋯⋯⋯⋯⋯⋯⋯⋯⋯50c.c.
- 蛋黃⋯⋯⋯⋯⋯⋯⋯⋯⋯⋯80g.
- 細砂糖⋯⋯⋯⋯⋯⋯⋯⋯⋯30g.
- 香草莢⋯⋯⋯⋯⋯⋯⋯⋯⋯1/5支

半熟起司麵糊

- 牛奶⋯⋯⋯⋯⋯⋯⋯⋯⋯⋯140c.c.
- 動物性鮮奶油⋯⋯⋯⋯⋯⋯75g.
- 蛋黃⋯⋯⋯⋯⋯⋯⋯⋯⋯⋯70g.
- 細砂糖⋯⋯⋯⋯⋯⋯⋯⋯⋯35g.
- 玉米粉⋯⋯⋯⋯⋯⋯⋯⋯⋯10g.
- 奶油⋯⋯⋯⋯⋯⋯⋯⋯⋯⋯55g.
- KIRI奶油起司 *1⋯⋯⋯⋯250g.
- 檸檬汁⋯⋯⋯⋯⋯⋯⋯⋯⋯8c.c.
- 君度橙酒（Cointreau）⋯⋯15c.c.
- 蛋白⋯⋯⋯⋯⋯⋯⋯⋯⋯⋯60g.
- 細砂糖⋯⋯⋯⋯⋯⋯⋯⋯⋯40g.

01 製作香草布蕾

Cream Brulee

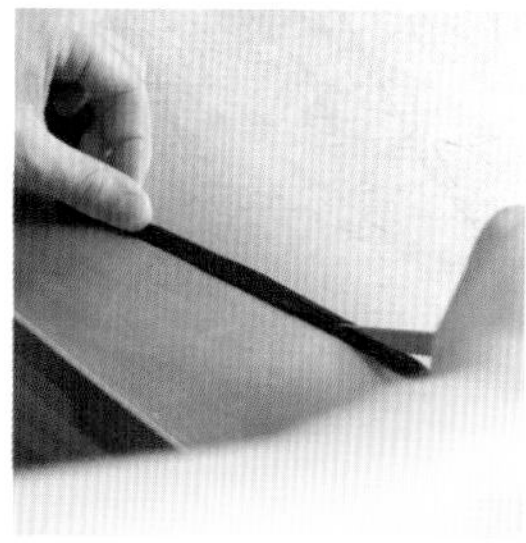

1.以刀尖由左至右橫切開香草莢，刮下香草籽。

2.香草莢、鮮奶、鮮奶油倒入盆中，加入細砂糖拌勻成鮮奶油糊。

3.蛋黃倒入鍋中，加入鮮奶油糊，煮至60℃。

將煮熱的鮮奶油糊過篩成布蕾液，先倒入量杯，再倒入杯模內。 *2

5.布蕾液倒入杯模約5分滿，杯模上蓋好鋁箔紙。每杯的布蕾液約30g。 *3

6.將杯模放在烤盤內，烤盤內倒入水，以上火160℃/下火160℃隔水蒸烤20～25分鐘。 *4

02 Half-baked Cheese Cake Paste 製作半熟起司麵糊

1.牛奶、鮮奶油倒入鍋中煮滾成牛奶糊。

2.將35g.的細砂糖、玉米粉和蛋黃倒入盆中拌勻。

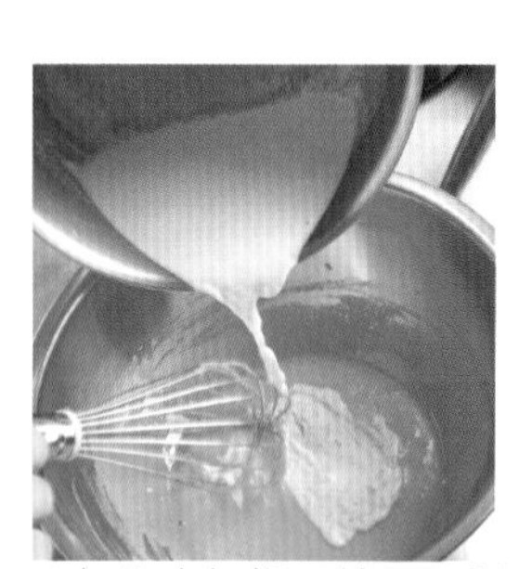

3.加入牛奶糊，放回瓦斯爐上煮至滾。

4.邊煮牛奶糊時，記得要一邊攪拌成卡士達醬。

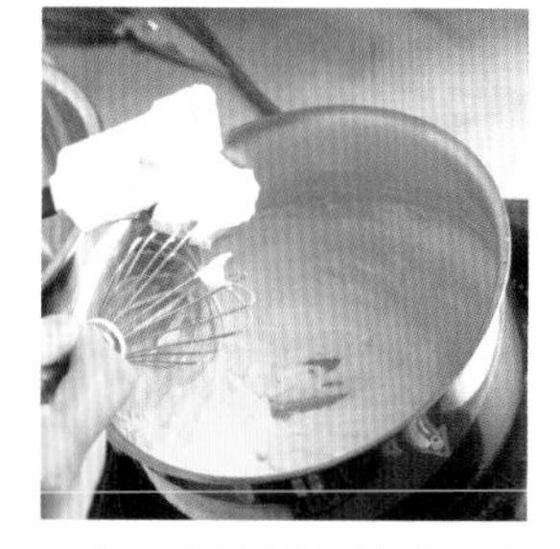

5.趁卡士達醬仍熱時，先加入小塊狀的奶油起司，再加入奶油拌勻。

6 倒入檸檬汁，拌勻成柔滑程度，再倒入盆中使其降溫。

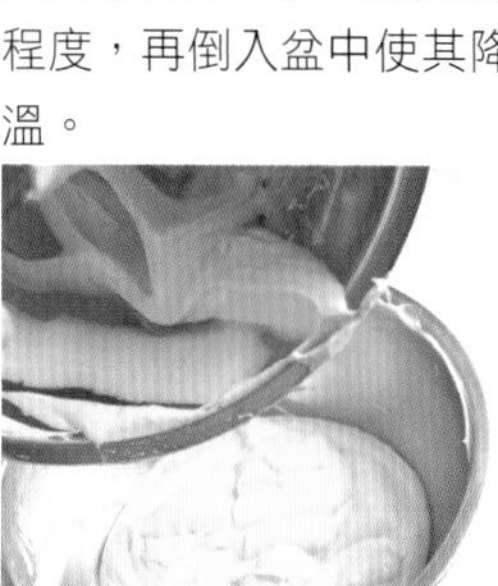

7.將40g.的細砂糖、蛋白倒入另一盆中，打至6～7分發，加入做法6.拌勻。

8.再倒入君度橙酒拌勻，即成半熟起司麵糊，裝入擠花三角袋中。

03 Mix 組合

1 在烤好的香草布蕾上，擠入半熟起司麵糊，約至八分滿。再稍微敲幾下杯模，可使半熟起司麵糊下沉，以免留有空氣。**＊5**

2 將杯模放入烤盤，在烤盤內加水，入烤箱，以上火190℃/下火150℃隔水烤25～30分鐘即成。**＊6**

chef's secret 大廚的秘訣

＊1半熟起司蛋糕中的材料KIRI奶油起司，是日本的產品。本身所含的乳脂肪較一般的奶油起司高出許多，一般奶油加入了可凝固的膠質，而KIRI奶油起司是以本身所含大量的乳脂肪來凝固，吃起來口感較滑順，味道也清新。

＊2香草布蕾液可先倒入量杯，再倒入杯模，作用是可先測量每杯的份量，讓份量一致，不會過多或過少，以利接下來的半熟起司麵糊入杯時的份量較恰當。此外，利用量杯的尖杯嘴，能穩定徐徐將布蕾液倒入杯中，不致於倒出杯外，浪費食材。

＊3製作香草布蕾時，杯模上要蓋鋁箔紙，可隔絕過大的火力，避免布蕾因高溫火力而烤出一層厚皮，口感不夠滑嫩。

＊4製作香草布蕾時，在蒸烤之前，可在盆裡放進一張厚的乾淨擦手紙，吸取布蕾液本身的泡沫，能讓烤出來的布蕾質感更加細緻，達到五星級水準。

＊5半成品入烤箱前，輕敲杯模讓麵糊下沉，可擠出不必要的空氣，以免食用時感覺有氣泡而不夠綿密、完美。

＊6烘烤的溫度、時間，應依照食譜操作，且須隔水烤半熟起司，趁新鮮享受，如果沒有隔水烘烤或烤得過久，就近乎全熟了，口感會變硬，味道不夠綿柔鮮美。

Mango Cheese cake

夏日芒果起司

以夏日盛產的芒果，加上奶香濃郁新鮮奶油起司做成的美味餡料，佐上口感酥脆的鬆派塔皮，沒有傳統塔派的厚重感，而是帶清爽的起司口味，是炎炎夏日的消暑點心。這道芒果起司蛋糕，是從起司蛋糕演變創新而來的新口味，多了點變化，帶來更多驚奇。

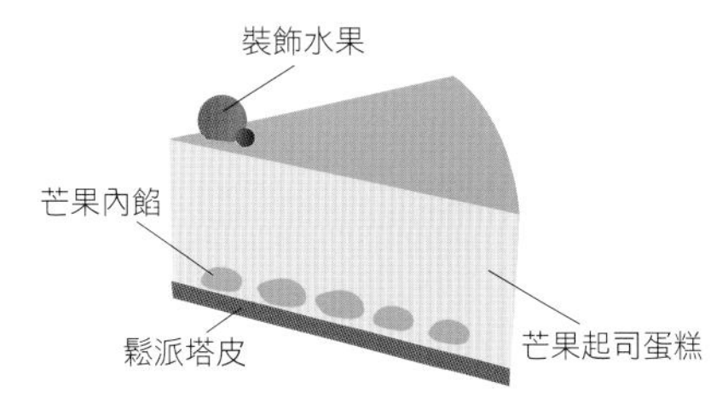

份量	6吋2個
模型	6吋空心圓慕斯框
上火/下火	上火180℃/ 下火140℃
單一溫度烤箱	170～180℃
烘烤時間	兩種烤箱都是分2次烤，都烤一共70～90分鐘
賞味期間	冷藏3天

材料

鬆派塔皮

鬆派皮粉……………1,050g.
融化奶油……………450g.

芒果內餡

新鮮芒果丁……………135g.
芒果果泥……………80g.
細砂糖……………30g.
海藻糖……………15g.
果膠……………4g.
檸檬汁……………5c.c.

蛋糕

奶油起司……………500g.
細砂糖……………95g.
蛋黃……………35g.
全蛋……………85g.
芒果果泥……………170g.
酸奶……………20g.
高筋麵粉……………20g.
玉米粉……………20g.
蛋白……………50g.
細砂糖……………30g.

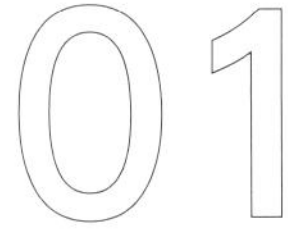

Tart Dough

製作鬆派塔皮

1.鬆派皮粉、隔水加熱的融化奶油倒入盆中拌勻。

2.倒入烤墊上的空心圓慕斯框，壓平，壓入模底做底。

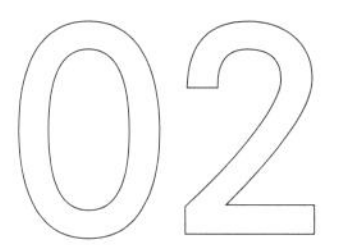

Mango Cheese Cake

製作芒果起司蛋糕

① 奶油起司、細砂糖倒入盆中拌軟，加入全蛋、蛋黃、酸奶拌勻成起司蛋糊。＊1

② 以刮板刮起一部份起司蛋糊，倒入盆內，和芒果果泥拌勻，再倒回剩餘的起司蛋糊盆內完全拌勻。＊2

3.將做法2.再倒回剩餘的起司蛋糊盆內完全拌勻，加入高筋麵粉、玉米粉拌勻成麵糊。

4.蛋白倒入盆中，分數次加入細砂糖攪打，打至七分發（濕性發泡，即勾起蛋白霜尾端呈彎曲狀）。

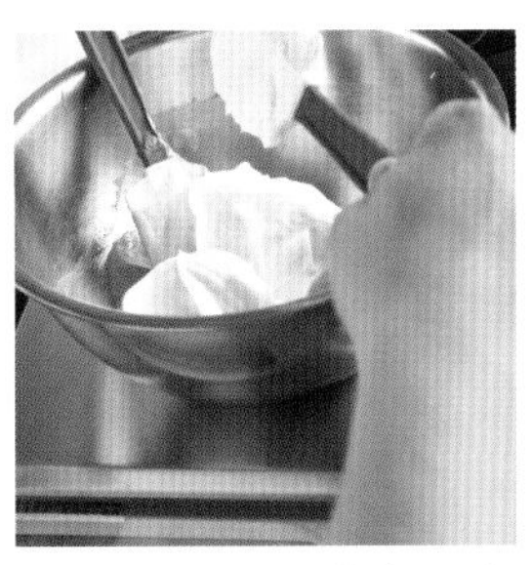

5.將蛋白霜加入麵糊，充分拌勻。

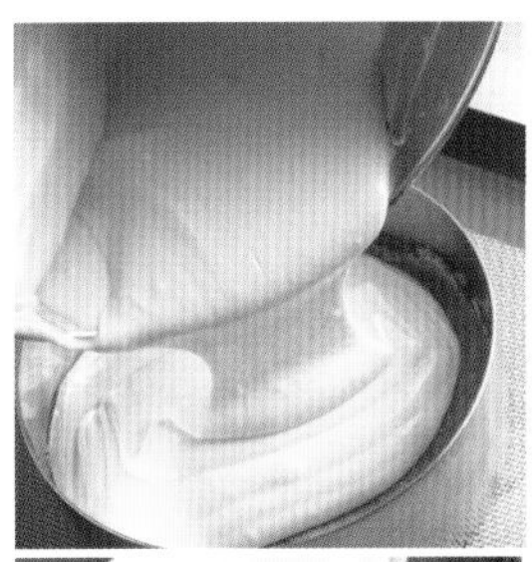

6.將麵糊倒入鋪了鬆餅塔皮的慕斯框內，倒至九分滿，稍微推勻。

7.烤盤倒入水，隔水以上火180℃/下火140℃先烤20分鐘至上色，再續烤約50～70分鐘。**＊3、＊4、＊5**

03 Mango Jam 製作芒果內餡

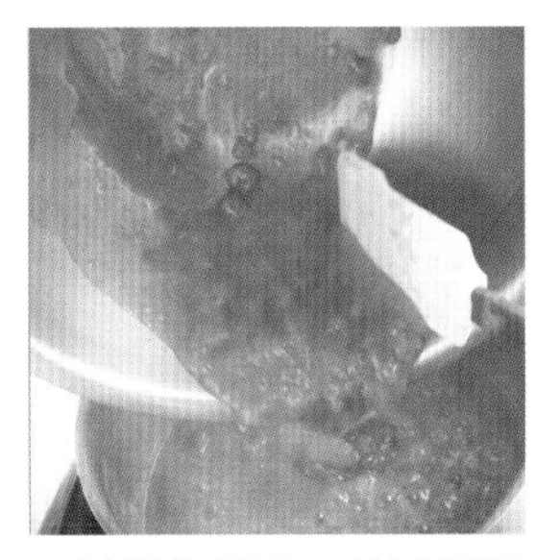

1.新鮮芒果丁、芒果果泥倒入鍋中，加入細砂糖煮至40℃。

2.海藻糖、果膠拌勻後，加入芒果餡中拌勻，再加入檸檬汁拌勻即成。

04 Mix 組合

在鬆派塔皮上，倒入芒果內餡，再放上芒果起司蛋糕。

chef's secret 大廚的秘訣

＊1 製作芒果起司蛋糕時，酸奶可一次拌入，但因奶油起司容易結成粒狀，要加全蛋、蛋黃時須分2次拌加，第1次攪拌均勻後，才能往下再加第2次並攪拌至勻，否則成品易失敗、麵糊不勻稱，影響口感。

＊2 製作芒果起司蛋糕時，需分2個步驟拌勻，是因芒果果泥水份太多，如一次加入麵糊會不易拌勻，所以先取出少許較硬稠的麵糊倒入芒果果泥，平衡兩邊濃稠度再一起拌勻，會更容易拌勻也節省時間。

＊3 製作芒果起司蛋糕時，須採兩段式烤法以精確控制成品不致過焦，先隔水烤以上火220℃/下火140℃先烤20分鐘左右烤到上色，才再續烤約50分鐘。

＊4 製作芒果起司蛋糕的做法1.容易失敗的原因，在於拌勻起司過程非常耗時，如不小心將材料加入過快，容易產生小顆粒影響口感。此外，烤焙時也很容易出錯，因起司蛋糕油脂較多，需要較長時間的烤焙，底部溫度如過高，則很容易爆裂。

＊5 隔水烤是指在烤盤中加入水，因此處的烤盤尺寸是76×46公分，大概需要2,000c.c.的水較適合。

＊6 有一些點心會用到隔水烘焙方法，像法式舒芙里蛋糕、法式布丁、古典巧克力等，製作時須特別注意。

材料

酥塔底

奶油……………………255g.
糖粉……………………135g.
全蛋……………………70g.
低筋麵粉………………330g.
泡打粉…………………3g.
香草精…………………2g.

起司內餡

奶油起司（樂德）＊1…430g.
奶油起司（NBA）＊1…430g.
細砂糖…………………160g.
奶油……………………120g.
動物性鮮奶油…………270g.
全蛋……………………200g.
蛋黃……………………120g.

其他

高溫起司＊2……………100g.

份量	48個
模型	高3.5公分、寬4公分的有底小蛋塔模
上火/下火	上火180℃/下火140℃（第一次） 上火230℃/下火140℃（第二次）
單一溫度烤箱	170℃（第一次） 200℃（第二次）
烘烤時間	18分鐘（第一次） 20～25分鐘（第二次隔水烤）
賞味期間	冷藏3天

Tiya Cheese Cake

堤雅起司蛋糕

堤雅起司蛋糕，是以2種略帶德國風味的奶油起司來替代馬斯卡邦起司，做類似提拉米蘇，稍微改良製成的起司點心。聞得到濃濃的奶香，吃得到酥脆可口的塔皮底，佐上一杯水果花茶或咖啡，是下午茶非常適合的甜點、蛋糕。

01 Shortbread 製作酥塔底

1.奶油倒入盆中拌勻，加入糖粉，分次加全蛋拌勻，再加入香草精拌勻。

2.加入混合好的低筋麵粉、泡打粉拌勻成麵糊。

3.將冰好的麵糊倒入盆中。

4

將麵糊以擠花袋擠入模型中 。

02 Cheese Paste 製作起司內餡

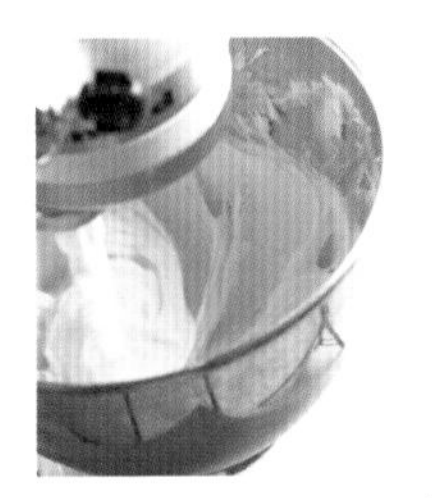

1.將2種奶油起司倒入盆中拌合，加入細砂糖打軟，直到攪勻。

2

依序加入奶油、鮮奶油、部分蛋黃和全蛋，同時繼續攪拌勻，接著再第二次加入剩餘的蛋黃和全蛋，拌勻成麵糊，裝入三角擠花袋中。 ***3**、***4**、***5**

03 Mix 組合

1.在酥塔底上擠入起司內餡，擠至9分滿。

2.放上切小塊的高溫起司。

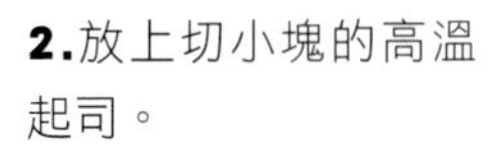

3

放入烤箱，以上火180℃/下火140℃烤18分鐘，拉風門、開爐蓋，再改以上火230℃/下火140℃隔水烤20～25分鐘。 ***5**

chef's secret 大廚的秘訣

***1** 奶油起司（樂德）和奶油起司（NBA）2種奶油起司，前者質地較硬，膠質含量較高，口味偏重；後者則質地較軟，膠質含量較低，口味清爽，在一般的烘焙店買得到。

***2** 高溫起司是指經過烤焙而不會融解的起司，常用在製作麵包、西餐上，一般烘焙原料行都有賣。

***3** 製作起司餡時，因為加蛋會有蛋白質，麵糊比較稠，所以留到最後再加入蛋，形成紮實的口感；如果要使糕點的口感吃起來比較鬆軟，建議把鮮奶油留到最後加料的步驟時再加，就能保持較多的液態流動質地，讓口感鬆軟好吃。

***4** 製作起司餡時也是分兩次加入蛋黃和全蛋，是因為全蛋水份較多後加入油脂會較易拌勻。

***5** 最後在烘烤時要拉風門、開爐蓋，是因為這一塊蛋糕水份含量較多，烤箱加熱時熱氣散不出去，會造成底部受熱易爆裂，所以才有此動作。

***6** 底部的酥塔底須先烤透，底部有支撐，才能接著續灌起司餡。

材料

檸檬淋面

- 糖粉…………………250g.
- 檸檬汁……………35～45c.c.
- 新鮮檸檬皮屑……………3g.
- 蛋白………………………10g.

檸檬蛋糕體

- 全蛋……………………270g.
- 細砂糖…………………165g.
- 新鮮檸檬皮……………2個份
- 檸檬粉…………………4.5g.
- 新鮮檸檬汁……………2個份
- 奶油……………………170g.
- 日本低筋麵粉…………175g.
- 柚子醬……………………12g.

份量	每條重180g.，可做4條
模型	22公分長，5公分寬，長條模
上火/下火	180℃/170℃
單一溫度烤箱	170℃
烘烤時間	20～25分鐘
賞味期間	冷藏3天

Yuzu Lemon Cake

柚香檸檬蛋糕

這個檸檬口味的柚香檸檬蛋糕，是法式奶油蛋糕延伸而來，它的配方內油脂含量高，較容易保存，可品嘗的時間較長。

01 製作檸檬淋面
Lemon Glacage

1.新鮮檸檬皮屑、蛋白倒入盆中。

2.加入糖粉拌勻，倒入檸檬汁拌勻，快速攪拌使糖粉容易拌散，拌至麵糊呈要低落時那種黏稠狀。

02 製作檸檬蛋糕體
Lemon Cake

❶

全蛋、細砂糖、倒入盆中，底下套個水鍋，隔水加熱至38℃，同時不斷攪拌及至均勻狀，測溫，當觀察呈現細泡沫狀時，倒入盆內打發成麵糊。＊2

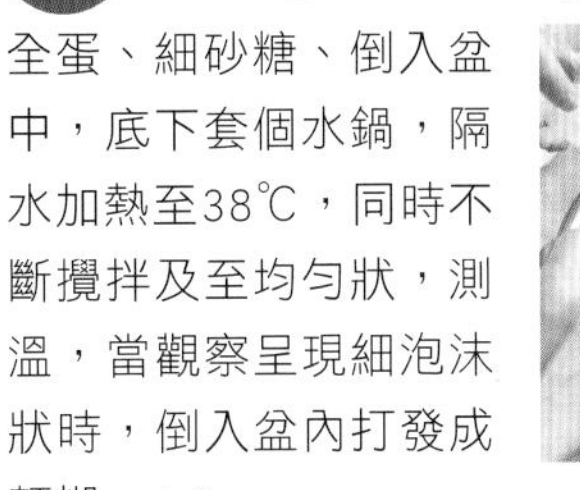

❷

取少部份麵糊，加入隔水融化保持在45℃的奶油拌勻。＊3

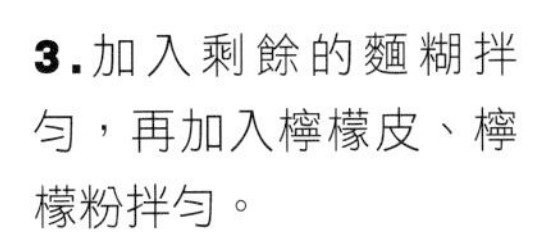

3.加入剩餘的麵糊拌勻，再加入檸檬皮、檸檬粉拌勻。

4.加入過篩的低筋麵粉攪拌，最後加柚子醬、檸檬汁拌勻成麵糊。

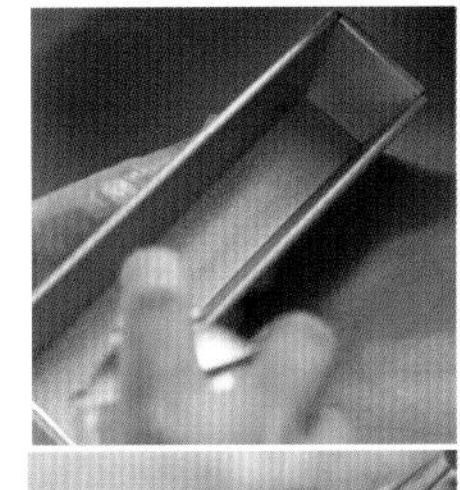

❶

在長條模內噴油。＊1

2.將麵糊倒入長條模內，倒至六～七分滿，秤重，不計算模型重量，麵糊應重200g.。放入烤箱，以上火180℃/下火170℃烤20～25分鐘。

03 組合
Mix

烤好的蛋糕脫模後，放到裝飾轉檯上，在表面抹上檸檬淋面，呈現如同糖霜的效果。

chef's secret 大廚的秘訣

＊1 在長形蛋糕模內噴上薄薄一層防烤油，是為了烤好後容易脫模取出，有助於成品的完整、漂亮。

＊2 製作蛋糕體的做法1.中，蛋糕體打發程度需特別小心觀察，蛋糕體如果太發，成品會粗糙；若不夠發，成品則不夠鬆軟。

＊3 製作蛋糕體的做法2.中，需和融化保持在45℃的奶油拌勻，是因為保持在這個溫度的奶油是拌合麵糊最好的溫度。

＊4 全蛋加細砂糖，容易攪拌、打發，是因其中含有卵磷脂，在製作蛋糕體時須依各種不同蛋糕所需，注意打發的程度、煮熱的溫度，並確實測溫、掌握溫度，就能避免失敗，做得恰到好處。

份量	1盤
模型	整盤60×40公分
上火/下火	上火190℃/ 下火150℃
單一溫度烤箱	170℃
烘烤時間	22～26分鐘
賞味期間	冷藏3天

Classic Chocolate Cake

古典巧克力蛋糕

古典，有傳統、自古以來的意思，是一道法國相當傳統，也是巧克力蛋糕甜點的代表。它運用了苦甜巧克力製作，麵糰務必充分攪勻，才能吃到柔密的口感。巧克力蛋糕源自19世紀初的美國，相較於天使蛋糕（Angel's Cake）的清爽潔白，巧克力蛋糕因使用大量巧克力製作而特有一股濃郁口感，讓人看了、吃了都好似免不了有罪惡感，因此被人稱作「魔鬼的食物」。

材料
法芙娜55%苦甜巧克力⋯⋯⋯625g.
奶油⋯⋯⋯⋯⋯⋯⋯⋯⋯⋯⋯375g.
動物性鮮奶油⋯⋯⋯⋯⋯⋯⋯325g.
蛋黃⋯⋯⋯⋯⋯⋯⋯⋯⋯⋯⋯375g.
細砂糖⋯⋯⋯⋯⋯⋯⋯⋯⋯⋯125g.
蛋白⋯⋯⋯⋯⋯⋯⋯⋯⋯⋯⋯875g.
細砂糖⋯⋯⋯⋯⋯⋯⋯⋯⋯⋯425g.
低筋麵粉⋯⋯⋯⋯⋯⋯⋯⋯⋯90g.
可可粉⋯⋯⋯⋯⋯⋯⋯⋯⋯⋯325g.

做法

1.鮮奶油、奶油倒入鍋中煮滾。

2.取1/2量的煮滾奶油沖入苦甜巧克力中拌勻，再將剩餘的煮滾奶油沖入苦甜巧克力中拌勻，以均質機加以乳化成巧克力糊。

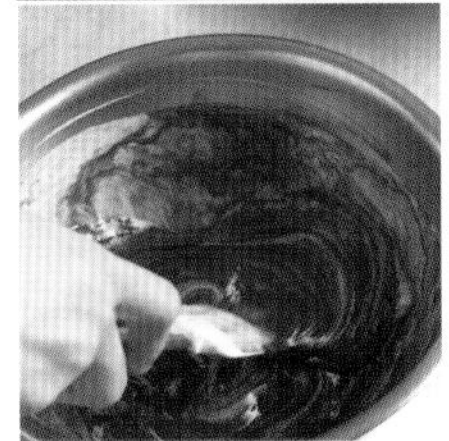

3.蛋黃、125g.的細砂糖倒入盆中，打發到完全融合的程度成蛋黃液。

4 蛋白倒入盆中，分2次加入425g.的細砂糖，打至濕性發泡蛋白霜（舀起蛋白霜，尾端呈彎曲狀）。＊1

5.蛋白霜分次加入蛋黃液拌至均勻柔滑。

6.加入巧克力糊拌勻，再加入低筋麵粉、可可粉拌勻巧克力蛋糕麵糊。＊2

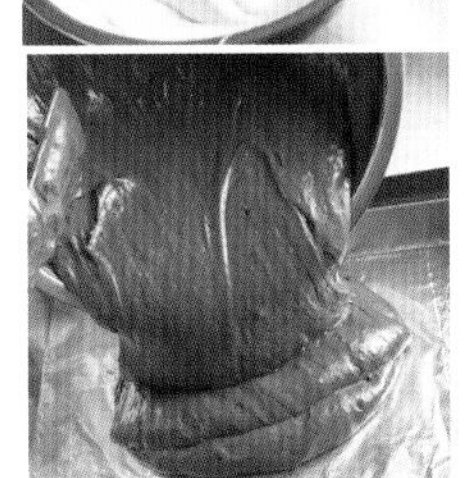

7.長方形框模底部、周圍四邊都鋪好鋁箔紙，底部噴上防烤油，倒入麵糊，並將麵糊抹勻。＊3

8 放入烤箱，以上火190℃/下火150℃隔水烤 22～26分鐘即成。巧克力馬卡龍做法參照p.102。＊4、＊5

chef's secret 大廚的秘訣

＊1 製作這道經典的古典巧克力蛋糕，蛋白霜一定要打到濕性發泡才能成功。如果打得過發，則蛋糕體粗糙，口感很差；而如果打得不夠發，蛋糕體會太紮實不好吃。所以，打到7分發的程度是最佳的蛋白霜程度。

＊2 必須使用上等的好巧克力來製作，才能做出法式糕點代表作品應有的口感。

＊3 蛋糕模要噴防烤油，才易脫模。

＊4 蛋糕必須隔水烤，不但能保持蛋糕的濕潤度和柔密口感，也不致過焦。

＊5 如果進烤箱隔水烤蛋糕，以上火190℃/下火150℃來烤，先烤10分鐘，再降為上火160℃/下火160℃，續烤10～15分鐘即可。

New York Chocolate Cake

紐約巧克力起司蛋糕

起司蛋糕可追溯到西元前200年的羅馬時代，由麵粉、起司和蛋製成麵糊後烘烤而成。而紐約起司蛋糕的起司含量，必須佔麵糊的半量比例，才能形成質地紮實、起司香味濃醇的蛋糕。在紐約起司蛋糕中加入了苦甜巧克力，是特別偏好巧克力、起司的老饕絕對不可錯過的。

份量	1盤，可切約60條
模型	長方 （40×30公分） 空心慕斯框
上火/下火	上火160℃/ 下火150℃
單一溫度烤箱	150℃
烘烤時間	30～35分鐘
賞味期間	冷藏3天

材料

覆盆子果醬

- 冷凍覆盆子……………160g.
- 細砂糖…………………95g.
- 檸檬汁…………………5c.c.
- 軟糖果膠（Pectine）……3g.

巧克力起司蛋糕麵糊

- 奶油起司……………2,000g.
- 酸奶…………………420g.
- 蛋白…………………600g.
- 動物性鮮奶油………500g.
- 細砂糖………………450g.
- 法芙娜55%苦甜巧克力…………………………400g.
- 可可粉…………………180g.
- 可可香甜酒＊1…………40c.c.

鬆派塔皮

- 融化奶油………………450g.
- 鬆派皮粉＊2………… 1,050g.

其他

- 乾燥覆盆子……………適量

01 製作覆盆子果醬 Raspberry Jam

1.冷凍覆盆子倒入鍋中，煮至40℃。

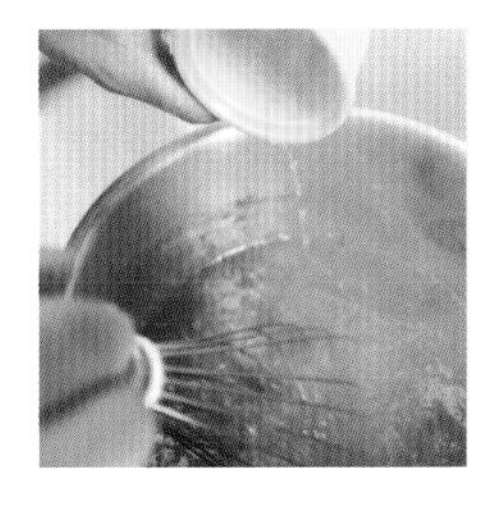

2.細砂糖、軟糖果膠倒入盆中混合，加入熱覆盆子液拌勻，再整盆倒回鍋中煮至105℃，加入檸檬汁即成。

02 製作巧克力起司蛋糕麵糊 Chocolate Cheese Paste

1.將細砂糖倒入盆中，加入奶油起司。

2 倒入酸奶拌勻，加入蛋白拌勻，再加入可可粉拌勻成奶油起司糊。*3

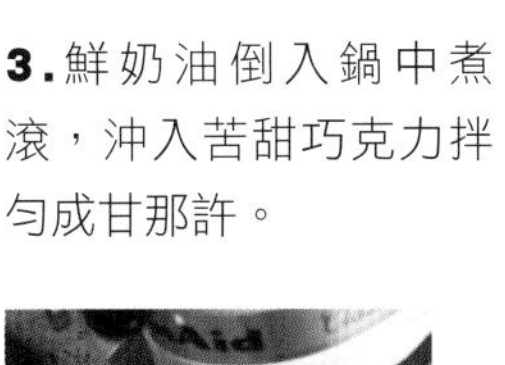

3.鮮奶油倒入鍋中煮滾，沖入苦甜巧克力拌勻成甘那許。

4 將甘那許倒入奶油起司糊中拌勻，倒入可可香甜酒拌勻即成。

03 製作鬆派塔皮 Tart Dough

將隔水加熱融化了的奶油、鬆派皮粉倒入盆中拌勻即成。

04 組合 Mix

1.將鬆派塔皮鋪在長方形慕斯模內，倒入覆盆子果醬，推開均勻。

2.倒入巧克力起司蛋糕麵糊，烤盤倒入水放入烤箱，以上火60℃/下火150℃烤30～35分鐘。可撒上乾燥的覆盆子碎裝飾。

chef's secret 大廚的秘訣

***1** 當你想在任何蛋糕中增加可可香味時，建議可使用可可香甜酒，除了在烘焙材料行買得到，像橡木桶這類洋酒店中也可買到。

***2** 鬆派皮粉是一種預拌餅乾粉，放入冰箱冷藏較不易受潮，易於保存。

***3** 製作紐約巧克力起司蛋糕，最重要的是起司的理想比例應達到50%，至少也須在45%左右，才能稱為重起司蛋糕，加進酸奶可為濃重的起司口感帶來清爽的酸香味做調和，不能省略。

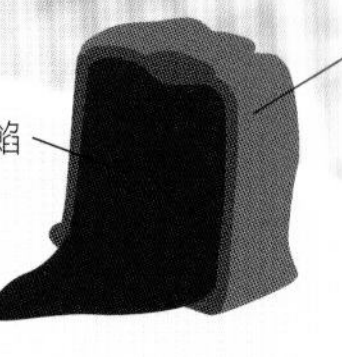

材料

覆盆子內餡

- 動物性鮮奶油…………150g.
- 覆盆子果泥……………50g.
- 牛奶…………………160c.c.
- 葡萄糖漿………………20g.
- 法芙娜66%巧克力……230g..
- 白蘭地酒………………10c.c.

岩漿巧克力蛋糕體

- 法芙娜66%巧克力……400g.
- 奶油……………………60g.
- 蛋黃……………………60g.
- 蛋白……………………300g.
- 細砂糖…………………80g.
- 日本低筋麵粉…………45g.

份量	10個
模型	高6公分、直徑5公分小慕斯圈
上火/下火	上火190℃/下火170℃
單一溫度烤箱	170℃
烘烤時間	12～15分鐘
賞味期間	冷藏3天

Fontaine Chocolate Cake

岩漿巧克力蛋糕

Fontaine原意噴泉，是將麵糰或麵粉堆在工作檯或模具容器中，形成王冠般的形狀，在中間凹陷處放入蛋、細砂糖、奶油、水等，慢慢地和周圍的麵粉混成麵糰。這裡則是在模具裡擠入巧克力麵糊，包裹冰凍的內餡，當烘烤好上桌，因接觸空氣開始暖化解凍，整個蛋糕體就會軟解，內餡緩緩流出，如同火山岩漿般別有情趣。

01 Raspberry Stuffing 製作覆盆子內餡

1.鮮奶油、牛奶倒入鍋中煮滾，沖入法芙娜巧克力碎內，以均質機加以均質乳化。＊1

2 倒入覆盆子果泥乳化均勻，再加入白蘭地酒、葡萄糖漿乳化均勻成覆盆子內餡。＊2

將覆盆子內餡隔冰水降溫至35℃～38℃，灌入軟模內至九分滿，放入冰箱冷凍約120分鐘，至冰硬程度，即可取出。

02 Chocolate Cake 製作岩漿巧克力蛋糕體

1.蛋白倒入盆中，分數次加入細砂糖攪打，打至七分發（即勾起蛋白霜尾端呈彎曲狀）。

2.蛋白打至七分發時，加入蛋黃打至八分發（濃稠狀手指勾起不易滴落）。

3.奶油隔水加熱融化，倒入法芙娜巧克力內，拌至均勻。

4.將拌好的蛋黃蛋白糊加入做法3.中。

5.拌入低筋麵粉，攪拌均勻成濃稠的巧克力麵糊，放入擠花袋內。

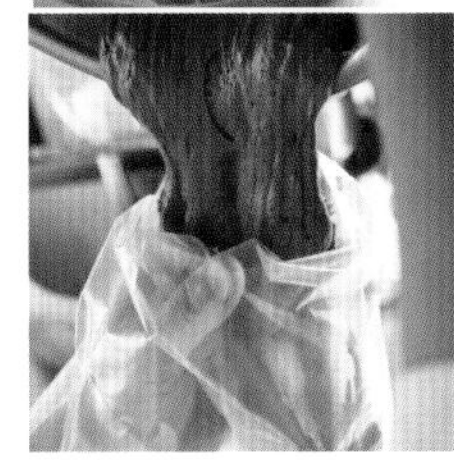

在空心的慕斯模裡面噴上防烤油，圍一圈紙，放在烤墊上。擠入巧克力麵糊至三分高，放入內餡，稍微往下壓使其緊實。＊3

7.再擠入巧克力麵糊，擠密實些至8～9分滿。

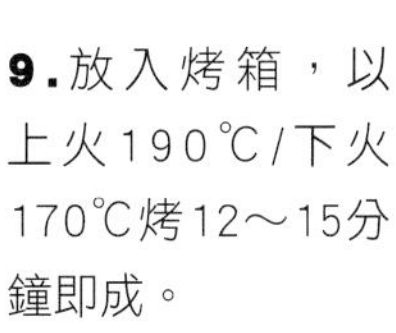

9.放入烤箱，以上火190℃/下火170℃烤12～15分鐘即成。

chef's secret 大廚的秘訣

＊1 製作內餡時，操作程序也可改為：鮮奶油、牛奶、葡萄糖漿煮滾後，加入覆盆子果泥拌勻，再一起沖入法芙娜66%巧克力，乳化降溫至35℃～38℃時，加入白蘭地酒即可，可自行測試對哪一種製法程序較能掌握，而提高烘焙上的成功率。

＊2 在操作內餡的做法2.時，要注意將巧克力、鮮奶、果泥均勻乳化至表面呈光滑，成品的口感才會佳。

＊3 製作巧克力蛋糕體的做法7.中，擠巧克力麵糊時，要注意底部擠麵糊至模型內4分之1處，倒入內餡，再擠入至模型3分之2處即可。

Chocolate Cream Brulee

法式可可布蕾

法語中的Brulee，是指烤焦的意思。這道法式可可布蕾的表面砂糖，是用噴槍噴火形成金黃褐色焦糖狀，就像烤焦了一般。不過，在這脆硬糖片下的布丁，嘗起來仍然柔軟細緻、香醇可口，是一道法式傳統布丁，很受歡迎而歷久不衰。

材料
動物性鮮奶油…………280g.
牛奶…………………280gc.c.
蛋黃………………………75g.
細砂糖…………………110g.
香草莢……………………1/2支
全蛋………………………3個
法芙娜62%苦甜巧克力…95g.

份量	12個
模型	布丁磁杯
上火/下火	上火160℃/下火150℃
單一溫度烤箱	150℃
烘烤時間	25分鐘
賞味期間	冷藏3天

01 製作可可布蕾液 Chocolate Brulee

1.全蛋、蛋黃放入盆內，加入細砂糖後攪拌成蛋糊。

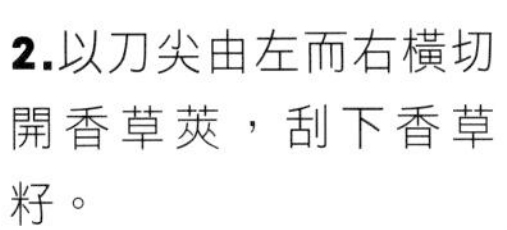

2.以刀尖由左而右橫切開香草莢，刮下香草籽。

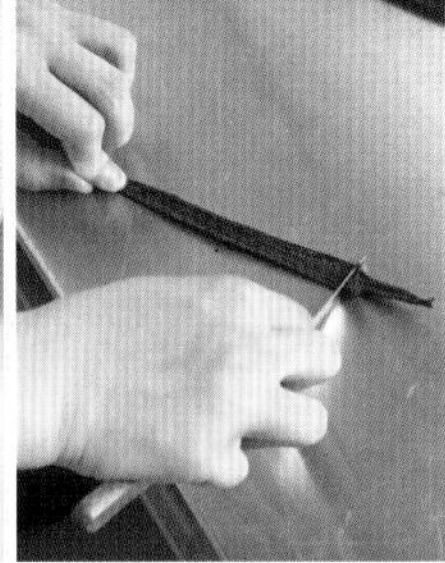

3

香草莢和籽、牛奶、鮮奶油倒入鍋中後加熱，以溫度計測溫，使其成70～80℃的牛奶糊。＊1

4

取1/2量牛奶糊沖入苦甜巧克力，稍微拌合巧克力至乳化均勻。

5.慢慢將另外1/2量的牛奶糊倒入巧克力糊，拌至完全均勻。

6.將拌勻的牛奶巧克力糊倒入蛋糊混勻，過篩即成。

02 組合 Mix

1.取一張厚的擦手紙壓入過篩的可可布蕾液中，使表面的氣泡浮沫消掉。＊2

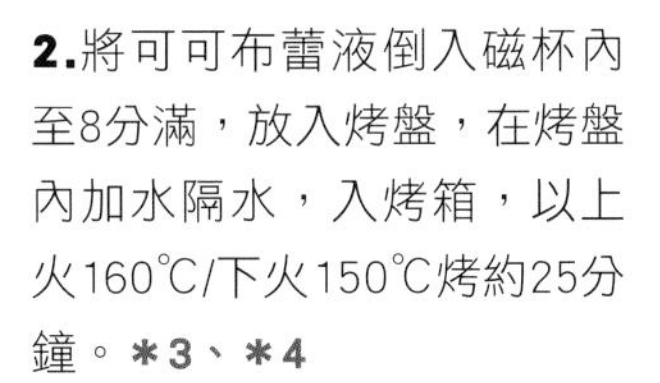

2.將可可布蕾液倒入磁杯內至8分滿，放入烤盤，在烤盤內加水隔水，入烤箱，以上火160℃/下火150℃烤約25分鐘。＊3、＊4

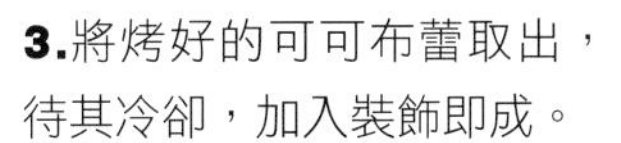

3.將烤好的可可布蕾取出，待其冷卻，加入裝飾即成。

chef's secret 大廚的秘訣

＊1 做法3.中的香草和牛奶因為量較少，不需煮滾。只要煮到目標溫度70～80℃，當煮到75℃時，測溫確定，即可離火，以免過熱過焦。

＊2 廚房用的擦手紙對於消除麵糊汁液上的氣泡浮沫有良好的作用，既省錢又好操作。在將布蕾液倒入杯模時，可把手輕壓住布蕾液上面的擦手紙，更加達到消泡功能，使做出來的布蕾口感更細緻。

＊3 布蕾液只要倒入八分滿，是為了防止烘焙過程中因加熱而從模型溢出。

＊4 烤布蕾時要在烤盤上加水，是因烤這類布丁最好不要有下火溫度，因此在烤盤內加入水，以隔水加熱的方式，可阻擋過高的下火溫度，成品吃起來才夠柔嫩。

＊5 烤布蕾或布丁時，不知到底烤好沒，這時可打開烤箱，以手稍微搖晃杯模，如果已成凝固狀即可。若烤太久，布丁表面容易出現小洞洞。

Red Wine Aloe Jelly

紅酒蘆薈凍

本身沒什麼特殊味道的蘆薈，加入糖煮到透明狀時會產生氣泡，當煮至消泡而清澈透明加入吉利丁、紅酒汁，待其凝結成美麗的膠凍狀點心，可說是女性養顏美容的最佳美食。

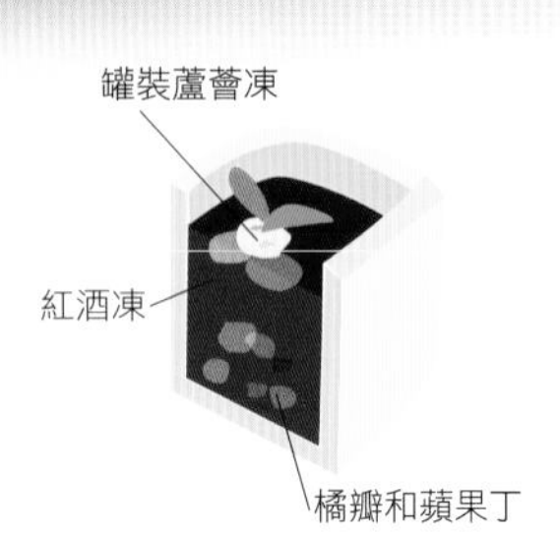

份量	150杯
模型	方形玻璃杯模型
賞味期間	冷藏3天

01

Red Wine Jelly

製作果凍

1.將果凍粉、細砂糖放入鋼盆內，倒入紅酒攪拌勻。

材料

PG-10果凍粉＊1……………………32g.
細砂糖……………………………450g.
紅酒………………………… 1,200c.c.
濃縮葡萄汁…………………… 150 c.c.
RO逆滲透水或開水……… 1,700c.c.
檸檬皮……………………………10g.
檸檬汁……………………………10c.c.
裝飾用罐裝蘆薈顆粒…………15g.
蘋果………………………………600g.
橘瓣……………………………… 1,200g.

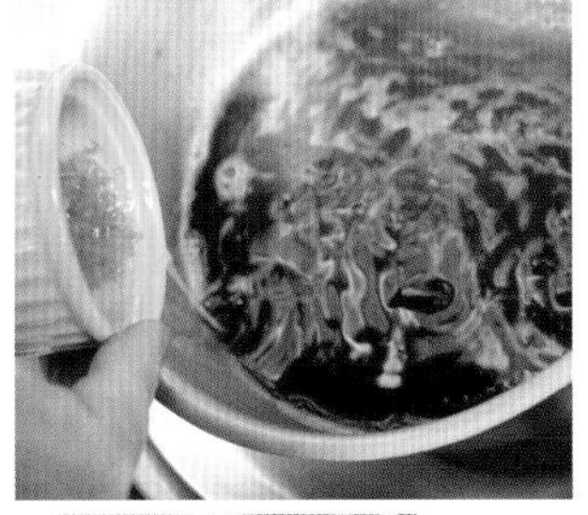

倒入濃縮葡萄汁煮到50℃時，加入水、檸檬皮、檸檬汁、蘆薈顆粒拌勻成果凍液。＊1、＊2、＊3

3.將拌勻的果凍液倒入另一鋼盆裡。

將整鍋果凍液底下放另一盆冰水，使其冷卻，測溫達30℃後倒入量杯內。＊4

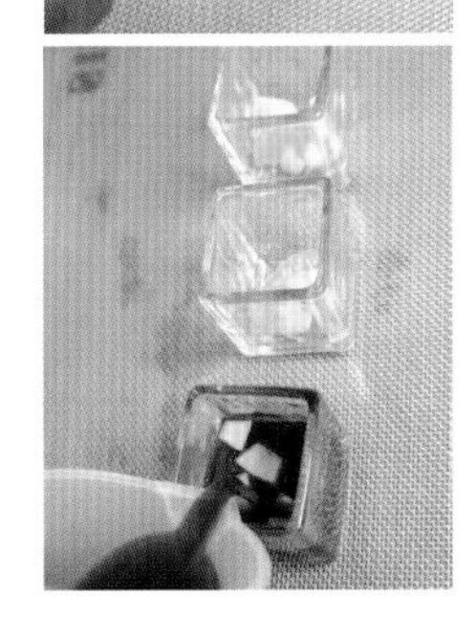

5.將橘瓣放入透明的方杯內，加入去皮蘋果丁。

6.將果凍液倒入水果方杯內。

02

Mix

組合

1.將果凍液倒入方杯內。

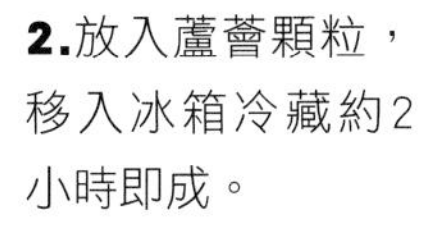

2.放入蘆薈顆粒，移入冰箱冷藏約2小時即成。

chef's secret

大廚的秘訣

＊1 PG-10果凍粉，是一種超強果凍粉，市面上也稱為超強寒天粉，因為凝結力較強且較不易水解，成品較穩定，若使用一般的果凍粉也可以，只是添加的量需增加，而口感也會不大相同。

＊2 建議使用好水，也就是柔軟度適中的水或礦泉水，再加上澀度不高的紅酒，完成的紅酒凍口感會比較滑順好入口。

＊3 使用顆粒蘆薈凍而不要使過蘆薈汁，會比較有嚼感，且可口程度也較易控制。

＊4 為什麼果凍液要隔冰水降溫？是因為有橘瓣及切丁蘋果，若溫度過高倒入，果粒全部沈底，較無法呈現出美感。

Cookie & Pie

Tart & Candy
餅乾&派塔&糖果

餅乾、糖果都是做法較簡單的小點心，
任何人都能成功。派和塔更是招待朋友、送禮的不二選擇。
準備好材料，馬上體驗烘焙的樂趣！

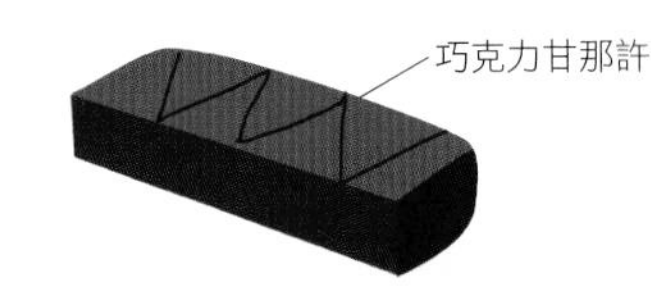

份量	12個
模型	10×4公分模型＊1
上火/下火	上火190℃/ 下火180℃
單一溫度烤箱	190℃
烘烤時間	15分鐘
賞味期間	冷藏3天

材料

巧克力麵糊

奶油……225g.
蛋白……225g.
細砂糖……100g.
楓糖粉……100g.
杏仁粉……120g.
榛果粉……30g.
低筋麵粉……45g.
可可粉……40g.

巧克力甘那許

動物性鮮奶油……215g.
鮮奶……60c.c.
80%巧克力……240g.
奶油……85g.

Chocolate Financier

休可瑪

Financier，又名杏仁金磚、奶油杏仁銀行家小糕點，是以杏仁粉、細砂糖、打發的蛋白、麵粉、融化奶油混合，加香草調味烘焙的點心，是巴黎一家小糕餅店的師傅Lasne研發的。該店位於巴黎股票交易所旁，壓力大而時間緊迫的股票經紀人、金融家習慣中午買些甜點當餐點，因不便使用刀叉、餐巾，Lasne就創造了這種不放奶油霜、不沾手的小型蛋糕，因而大受歡迎。在原配方中加入了巧克力口味，味道更香濃。

01 Chocolate Paste 製作巧克力麵糊

1.蛋白、楓糖粉、細砂糖入盆中，隔水加熱溫度保持32℃。

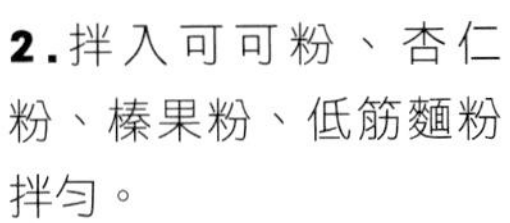

2.拌入可可粉、杏仁粉、榛果粉、低筋麵粉拌勻。

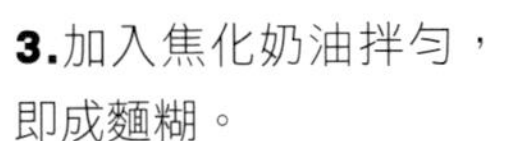

3.加入焦化奶油拌勻，即成麵糊。

02 Ganache 製作巧克力甘那許

① 鮮奶油、鮮奶倒入鍋中煮滾，溫度約100℃，沖入80%巧克力融解，使用冰水隔水降溫，用均質機乳化，控制溫度約在35～38℃時，（如溫度太高，可先靜置一會再操作，或隔冰水、放入冷藏庫降溫）加入奶油拌成巧克力甘那許。＊2、＊3

② 將內餡先放置冰箱冷藏一晚保存。＊2

03 Mix 組合

1.烤盤表面噴上一層油。＊4

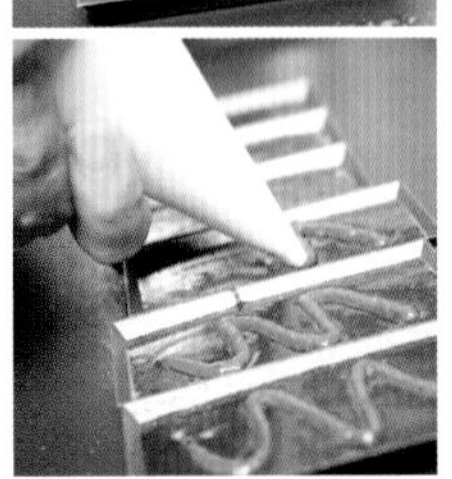

2.巧克力麵糊擠入長方模擠滿，再在表面擠上波浪形的巧克力甘那許，形成波浪花紋，以上火190℃/下火180℃烤15分鐘即成。

chef's secret 大廚的秘訣

＊1 整組長方模可在烘焙店購買。

＊2 製作巧克力甘那許時，這裡是使用80%的巧克力，不過，只要是70%以上皆可，越高百分比的巧克力味道較苦，也較能平衡點心的甜度。

＊3 通常使用均質機乳化，需乳化至表面光滑的程度才算成功。

＊4 烤盤表面要噴油，麵糊才不會黏住，成品才易於取出。

＊5 休可瑪的巧克力麵糊必須先放置冰箱內，冷藏1晚，隔日使用，才能達到所需的軟硬程度，提高這道糕點的成功率和可口度。

份量	70個
上火/下火	上火180℃/ 下火140℃
單一溫度烤箱	150～160℃
烘烤時間	15～18分鐘(上下火) 12～15分鐘(單一烤溫)
賞味期間	15℃下保存3天

材料

巧克力馬卡龍

- 過篩杏仁粉……270g.
- 細砂糖粉……370g.
- 可可粉……40g.
- 乾燥蛋白……1g.
- 蛋白……200g.
- 細砂糖……80g.

內餡

- 動物性鮮奶油……400g.
- 葡萄糖漿……50c.c.
- 法芙娜58%巧克力……500g.
- 奶油……100g.

Chocolate Macaron

巧克力馬卡龍

法國點心馬卡龍的起源最常有2種說法，其一在權威的法國飲食字典《Larousse Gastronomique》中，提及是在義大利文藝復興時期出現。而另一說則是在法國革命期間，有兩位落難到法國東北部南錫小鎮（Nancy）的修女，為了籌措修道院的經費而製作的，因此，後來的人稱為「Macaron Sisters」。在材料中加入了可可粉，就能完成美味的巧克力馬卡龍了！

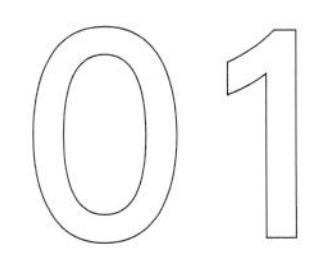

Chocolate Macaron

01 製作巧克力馬卡龍

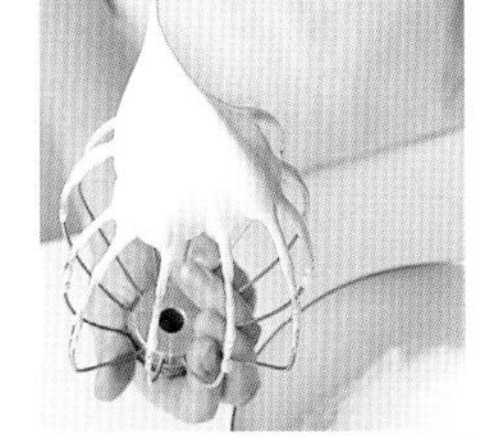

1.蛋白倒入盆中，以中速打至微發泡。

2 蛋白粉加入細砂糖拌勻，再分3～4次加入蛋白中打發，繼續打發10～15分鐘，至乾性發泡的狀態。
＊1、＊2

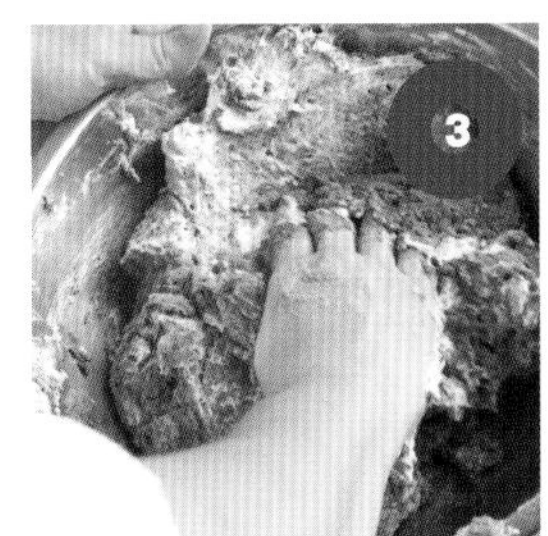

3 拌好的蛋白倒入盆中，用手拌入混合好的可可粉、杏仁粉、細砂糖粉拌勻，然後使用刮板由外而內下壓。**＊3、＊4、＊5**

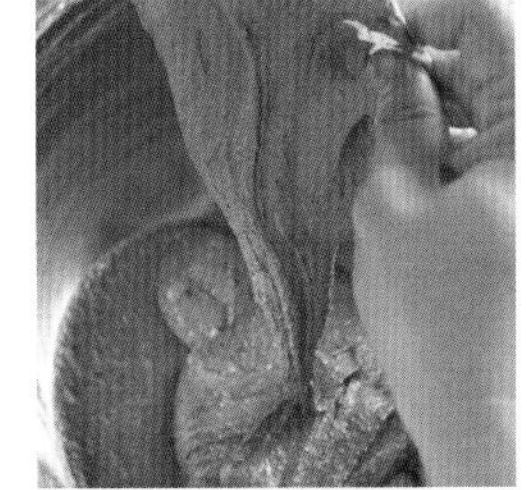

4 繼續拌至呈現流動的程度，即成巧克力麵糊。

5.將巧克力麵糊倒入三角擠花袋中。

6.巧克力麵糊擠在烤盤的烤墊上，使成為一個個直徑約4公分的小圓型馬卡龍。

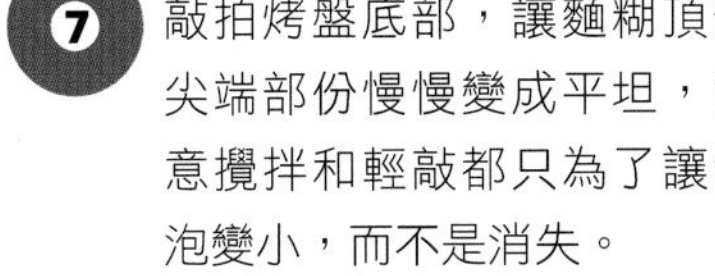

7 敲拍烤盤底部，讓麵糊頂部尖端部份慢慢變成平坦，注意攪拌和輕敲都只為了讓氣泡變小，而不是消失。

8.烤箱以上火180℃/下火140℃烤15～18分鐘。

Chocolate Sauce

02 製作內餡

1.動物性鮮奶油、葡萄糖漿倒入鍋中煮滾，加入巧克力乳化，待降溫至35℃時加入奶油拌勻。

Mix

03 組合

取適量內餡擠在馬卡龍平的那一面，再將另一片馬卡龍平的那一面貼合即成。

chef's secret 大廚的秘訣

＊1 所謂乾性發泡蛋白霜，是指舀起蛋白霜，尾端呈尖挺狀，就是乾性發泡狀態。

＊2 馬卡龍材料要求嚴格，得準備純的糖粉，杏仁粉先過篩2次，並且在做法1.中應把蛋白慢慢地分次加入細砂糖，攪打得勻細，注意一定要小心攪拌，不可拌得太用力，而在進烤箱前，得將馬卡龍放在夠低溫的巧克力房30～40 分鐘，使它達到乾爽的程度，手指輕按下去才不會黏手。

＊3 可可粉、杏仁粉、糖粉可先混拌均勻，再用手拌入打發的蛋白霜中攪勻，會比較容易快速攪勻。

＊4 一般人製作馬卡龍時最常發生的失誤，在於不易掌握蛋白打發程度，以及在拌合時常拌合過久或不足導致消泡，需多注意。

＊5 要有好吃的馬卡龍，先得做出細緻勻稱的麵糊，因此蛋白霜打發的程度、加入粉類後拌勻的程度、麵糊是否緊實等，都是不可忽視的細節。

Cannelé de Bordeaux

可麗露

有著螺文般外型，又名波爾多螺紋、蘭姆酒香草蛋糕的可麗露，最早出現於16世紀，是從法國波爾多港口附近開始廣為流傳的大眾點心。據說，當時修道院的修女們為了照顧窮人們的飲食，見到由法國殖民地大溪地載運昂貴貨品糖、香草、蘭姆酒的船隻泊港時，船中總不免有些運程中受損的貨物，請求他們贈送這些瑕疵品，便以糖、香草、蘭姆酒，加上蛋、麵粉，創造了舉世聞名的法國點心可麗露。

份量	15～18個
模型	可麗露專用銅模＊3
上火/下火	上火200℃/下火200℃
單一溫度烤箱	200℃
烘烤時間	55分鐘（上下火 40分鐘（單一烤溫）
賞味期間	冷藏1天

做法

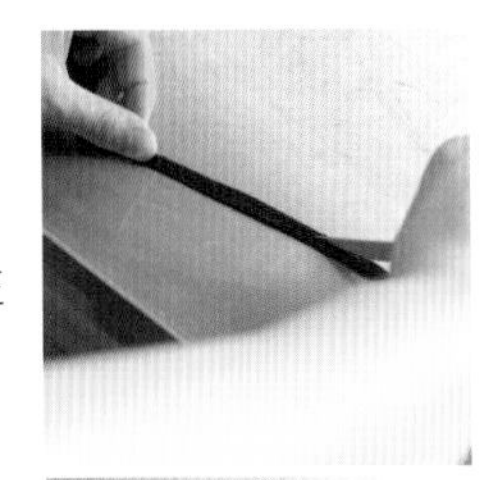

1.先將整支香草莢由左往右橫切開，刮出香草籽。

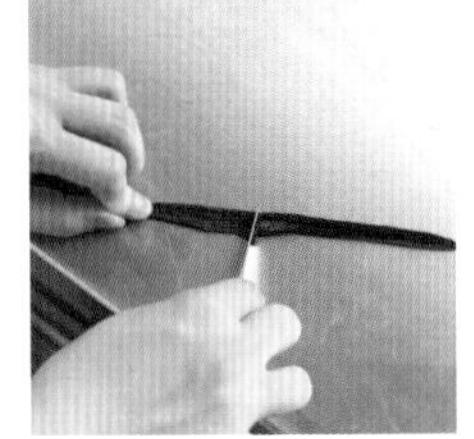

2.牛奶倒入鍋中，加入奶油、125g.的細砂糖、鹽、香草籽煮沸。

先加入低筋麵粉、全蛋、蛋黃和130g.的細砂糖拌勻，最後加入蘭姆酒拌勻，過篩即成麵糊。＊2

chef's secret 大廚的秘訣

＊1 日本低筋麵粉較細緻，不會過於粗糙，成品口感較佳。

＊2 這一道甜點又稱「波爾多螺紋」，發源於法國波爾多酒鄉港口，一定要用純正的香草莢來製作，細砂糖、全蛋、蛋黃攪勻後應過篩，可將一些拌不散的麵糊過濾掉，避免影響口感。

＊3 蜜蠟隔水加熱融化後倒入模內，又再倒回一次，是為了讓烤好的可麗露容易脫模；如果沒有蜜蠟，可用融化了的奶油取代。此外，也有人使用矽利康塑膠模而非銅模，可略塗點植物油在模內層以便脫模。

＊4 有刻痕的金屬壓印模，也稱為cannelé。在填入麵糊前，一般會用蜂蠟塗在模型內壁上以防沾黏難脫模，烘烤後溝槽狀的邊緣正是點心外形的特點，相當特別。而這種銅模單價較高，通常一個要價600元以上。

＊5 這道甜點完成後，待降溫放置在陰涼處，可蓋上蓋子避免外皮受潮軟掉，可保存約6小時後再食用，風味更佳。

材料

麵糊	
牛奶	560c.c.
奶油	28g.
細砂糖	125g.
日本低筋麵粉＊1	140g.
香草莢	1支
全蛋	135g.
蛋黃	30g.
細砂糖	130g.
鹽	3g.
蘭姆酒	55c.c.

其他	
蜜蠟	適量

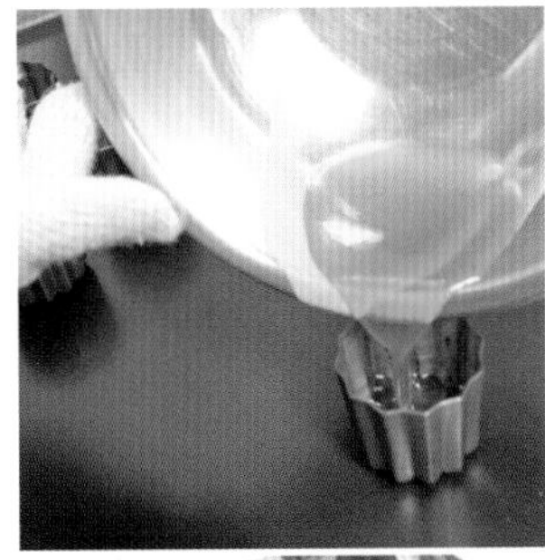

4 烤箱先以上下火150℃預熱，放入銅模先加熱，讓溫度變溫熱。蜜蠟隔水加熱，待其融化後倒入銅模內至滿，再將融化的蜜蠟倒出，重複這個動作讓每個模內都均勻覆上蜜蠟。＊3

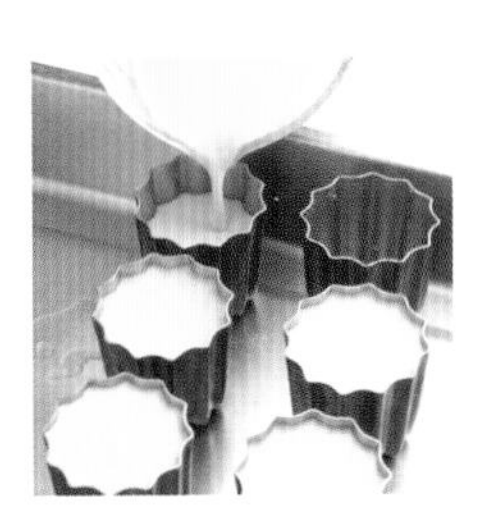

5.將麵糊灌入一個個銅模內，待放涼，放入烤箱，以上火200℃/下火200℃烤約55分鐘。

6.烘烤時需隨時留意上火著色程度，對新手來說，最常碰到的問題是顏色烤不夠，只要使用純銅烤模並多練習即可。

Chocolate Madeleine

巧克力瑪德蕾尼

小巧可愛的瑪德蕾尼，相傳最早是在1661年時，法國洛林省（Commercy）樞機主教Paul de Gondi的女廚師Madeleine Simonin製作的，那時，一位獲邀出席樞機主教舉行的晚宴的女公爵在吃過後非常欣賞，於是就以女廚師的名字命名這小蛋糕，讓瑪德蕾尼從此名揚天下。

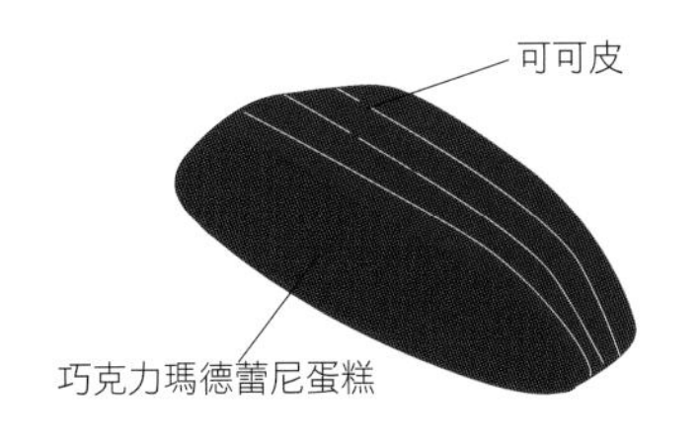

份量	12～15個
模型	瑪德蕾尼專用貝殼模
上火/下火	上火180℃/下火180℃
單一溫度烤箱	180℃
烘烤時間	15分鐘
賞味期間	冷藏3天

材料

蛋糕

蛋黃……225g.
細砂糖……85g.
海藻糖＊1……25g.
鹽……2g.
杏仁膏……200g.
蜂蜜……15g.
卡魯哇咖啡香甜酒（Kahlua）……20c.c.
動物性鮮奶油……120g.
奶油……225g.
低筋麵粉……160g.
杏仁粉……35g.
泡打粉……2g.
70%苦甜巧克力……150g.
法芙娜可可粉＊2……25g.
檸檬汁……少許

裝飾

可可皮＊3……30g

01 Chocolate Cake Paste 製作蛋糕麵糊

1.杏仁膏放入盆內，拌至柔軟，再加入細砂糖、海藻糖拌合。

分次加入蛋黃、鹽，慢慢拌到完全均勻。

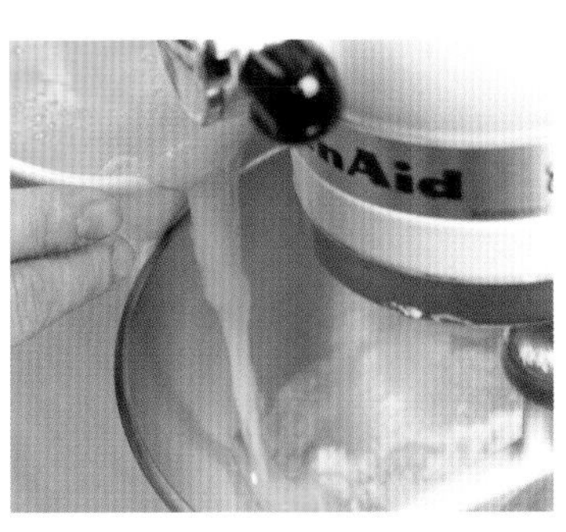

3.鮮奶油倒入另一盆，加入皆以隔水加熱方式融化的奶油和巧克力拌勻。

4

做法**2.**中加入過篩的低筋麵粉、杏仁粉、泡打粉、可可粉等粉類充分拌勻，再加入做法**3.**，拌勻至光滑的程度。＊4

5.加入蜂蜜、卡魯哇咖啡香甜酒、檸檬汁拌勻，即成蛋糕麵糊。

02 Oven 烘焙

1.將麵糊放入冰箱，冷藏120分鐘變硬後取出，再倒入三角擠花袋。

2.在貝殼模具內噴上防烤油，可幫助脫模。

3.將蛋糕麵糊擠入模型內，擠約八分滿。 **＊5**

4.在麵糊表面撒上可可皮，烘烤即可。

5.放入烤箱，以上火180℃/下火180℃烤約15分鐘即成。

chef's secret 大廚的秘訣

＊1 海藻糖是糖類的一種，它的糖度和一般細砂糖相同，但甜度只有細砂糖的75～80%，吃起來較不膩。但海藻糖不能完全取代細砂糖，得視製作的甜點而定。

＊2 法芙娜可可粉的優點在於可可脂的含量較高，吃起來較香。而一般的可可粉也可使用，不過，可可粉因添加小蘇打粉等其他東西，香氣較低，較聞不到巧克力味道。

＊3 可可皮是整顆可可豆去掉那一層外皮，經過乾燥後打碎，還保有可可豆的天然香味，在這裡可增加巧克力的香味，吃起來也較脆。若沒有可可皮，建議用杏仁角取代。

＊4 麵糊的做法，可先將杏仁膏放入調理機內，再一點一點加入蛋黃、細砂糖、鹽，逐步拌到完全均勻。奶油從冷藏庫取出，放在室溫下回溫融化後，再加入攪拌。接著，再加入動物鮮奶油、卡魯哇咖啡酒、檸檬汁、蜂蜜，以及融化的巧克力液，拌至光滑的程度。

＊5 烘焙蛋糕時，一開始將麵糊擠入貝殼模型就得擠得堅實一點，連模型的凹槽都得填滿麵糊，這樣才不會底部有空隙。另一種方法是將模型輕敲，使麵糊陷落到底部，兩種方法皆可。

Hazelnut Dacquoise

榛果達克瓦茲

達克瓦茲餅是由大量的蛋白、杏仁粉和糖粉製成的蛋白餅。相傳最早是出現在法國西南部的達茲（Dax），不過，當地的達克瓦茲餅是直徑大約20公分，由2片杏仁餅中間夾著餡組成的大型餅，和我們一般所見小巧可愛的外型略有不同。不過，無論大小，可口的蛋白餅夾著酒漬葡萄乾餡，依然不損它的美味。

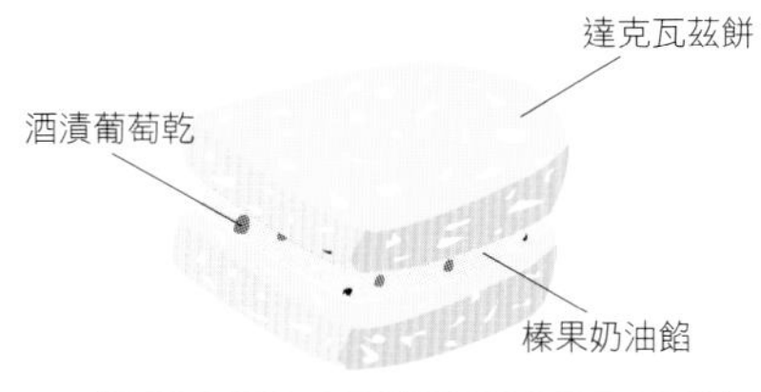

份量	40個
模型	達克瓦茲橢圓模
上火/下火	上火170℃/ 下火140℃
單一溫度烤箱	170℃
烘烤時間	30～35分鐘
賞味期間	冷藏3天

材料

酒漬葡萄乾

葡萄乾……………………100g.
白蘭地酒…………………80c.c.
鹽…………………………2g.

榛果奶油餡

牛奶………………………80c.c.
蛋黃………………………42g.
細砂糖……………………90g.
奶油………………………360g.
細砂糖……………………50g.
水…………………………25c.c.
蛋白………………………50g.
無糖榛果醬………………70g.

達克瓦茲餅

蛋白………………………150g.
乾燥蛋白粉＊1……………6g.
細砂糖……………………65g.
杏仁粉……………………200g.
低筋麵粉…………………35g.

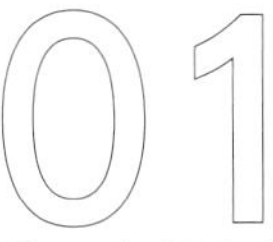

Brandy Raisins

製作酒漬葡萄乾

葡萄乾倒入小盆中，加入白蘭地酒、鹽，浸泡1天即成。

Hazelnut Butter Cream

製作榛果奶油餡

1.蛋黃倒入盆中，加入90g.的細砂糖拌勻後打發。

2 牛奶倒入鍋中煮滾，沖入打發的蛋黃後回煮至82℃，攪打降溫至32℃～35℃，倒回盆中。＊2

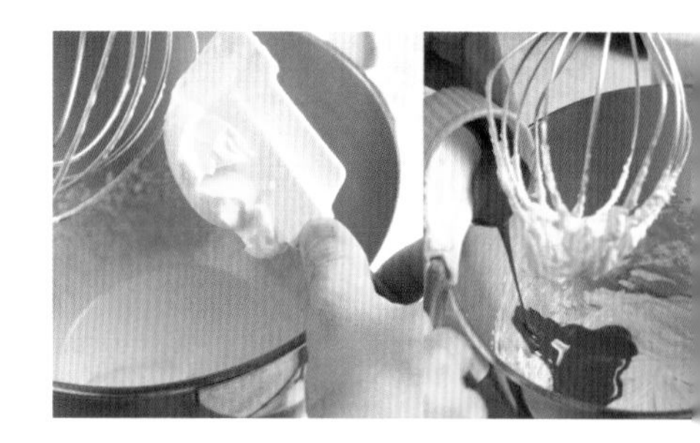

3.先加入奶油打發，再加入無糖榛果醬拌勻。

4 50g.的細砂糖、水倒入鍋中煮至117℃，小心慢慢地沖入打發的蛋白拌成霜狀。＊3

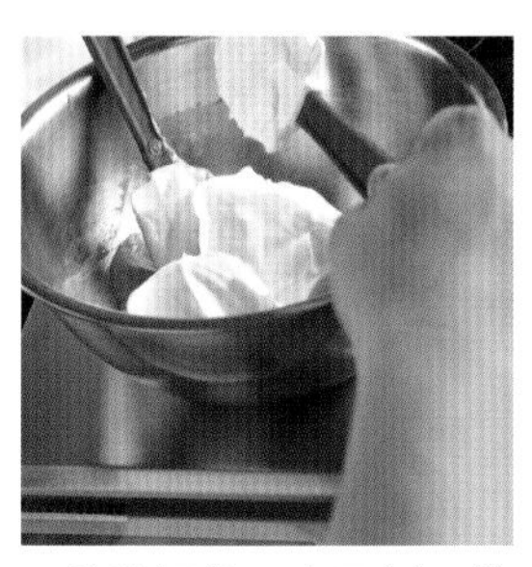

5.將拌好的蛋白霜倒入做法4.的榛果奶油中。

6.秤重控制為一份65g.，拌勻至柔細光滑程度。

03 Dacquoise 製作達克瓦茲餅

1.細砂糖、乾燥蛋白粉倒入盆中先拌勻，再倒入蛋白打發。

2.用手拌入杏仁粉、低筋麵粉，攪打均勻成麵糊。麵糊倒入模型，抹勻成1公分高。放入烤箱，以上火170℃/下火140℃烤30～35分鐘即成。

04 Mix 組合

酒漬葡萄乾點綴在榛果奶油餡或撒入混合成餡料，將2片烤好的達克瓦茲夾入餡料即成。

chef's secret 大廚的秘訣

＊1 乾燥蛋白粉的用途，在於幫助蛋白較易打發且不易消泡，常用在製作蛋白類甜點中。

＊2 做法2.中的牛奶煮滾，沖入打發的蛋黃後回煮，溫度相差不大時，可使用吹風機來操作。至於降溫，則可把材料移到其他鋼盆降溫。而在必須快速降溫時可在原來的鋼盆外，套個冰塊水盆以較快速度降溫。

＊3 製作榛果奶油餡時，將117℃的糖水倒入蛋白時要小心，避免倒入速度過快，使蛋白熟掉了。

Poppy Seed Chocolate Thumb Cookies

罌粟子巧克力拇指餅乾

tumb的原意是在沾入麵糊時，用拇指一邊按壓在模型的側面，一邊捏出邊來，成品如手指般小巧可愛。這個以神奇的罌粟子和巧克力烘焙的點心，有股淡淡的芝麻香氣和濃郁的巧克力味道。品嘗過這不含嗎啡的罌粟子餅乾卻愛不釋手時，並非對罌粟子上了癮，而是深深迷戀上獨特的美味。

份量	70～80個
上火/下火	上火190℃/ 下火140℃
單一溫度烤箱	190℃
烘烤時間	25～30分鐘
賞味期間	常溫15天

材料

餅乾

- 奶油……450g.
- 砂糖……320g.
- 鹽……2g.
- 蛋黃……100g.
- 可可粉……150g.
- 沙拉油……50c.c.
- 奶油……110g.
- 低筋麵粉……625g.
- 杏仁粉……50g.

榛果巧克力醬

- 含糖榛果醬……50g.
- 53%調溫巧克力……200g.

其他

- 罌粟子……適量

01 Hazelnut Ganache
製作榛果巧克力醬

將含糖榛果醬、53%調溫巧克力倒入盆中，隔水加熱融化成約40℃的巧克力醬。

02 Cookies
製作餅乾

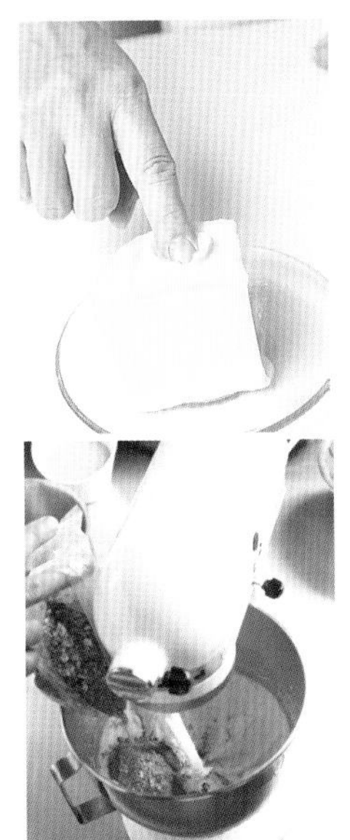

1.從冰箱取出奶油，放在室溫下使其變軟，至手指可輕壓陷為主。

2.先加入450g.的奶油、糖、鹽拌勻，再加入過篩的可可粉、杏仁粉、低筋麵粉拌勻。

3.加入110g.隔水加熱的融化奶油、沙拉油和蛋黃，拌勻成麵糰。＊1

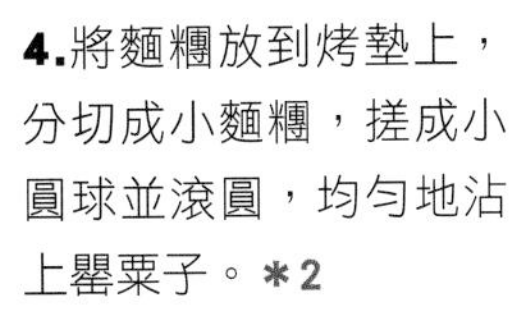

4.將麵糰放到烤墊上，分切成小麵糰，搓成小圓球並滾圓，均勻地沾上罌粟子。＊2

5.以手將小圓球壓得稍呈扁圓形。

6

放入烤箱，以上火190℃/下火140℃烤10分鐘，取出，用手指在扁圓餅正中央壓凹成小半圓，再入烤箱烤15～20分鐘。＊3

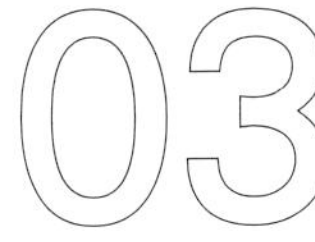

03
組合 Mix

在餅乾中間擠上榛果巧克力醬即成。

chef's secret 大廚的秘訣

＊1 奶油、沙拉油最好先加熱融化後，再與之前的可可粉等材料攪拌，會比較容易拌得均勻。

＊2 可用蛋白沾濕餅乾麵糰，再沾裹罌粟子，能沾得較黏牢。

＊3 烤餅乾烤到一半，也就是烤約10分鐘的時候，再用拇指壓小洞，效果更理想，最後，烘烤完全出爐時，再在中央擠上榛果巧克力醬。

＊4 除了沾裹罌粟子，也可把罌粟子加進細碎杏仁角混合成沾料之後再沾，可品嘗出不同的風味、口感。

份量	100個
模型	長方（30×25×3公分） 空心慕斯框
賞味期間	常溫7天

Valrhona Chocolate Caramel Nougat

法式巧克力奴加糖

Nougat，奴加糖，又叫牛軋糖，據說最早出現在1700年時，相傳是希臘人經馬賽港引進法國的。數百年來經過配方的改良，現在法國人多以果仁、杏仁加蜂蜜製成。奴加糖顏色較白、質地較軟而耐儲存，廣受大眾的歡迎，蒙特利馬市更成為奴加糖之鄉。嘗過了中式牛軋糖，也來試試正統法式口味的奴加糖吧！

做法

1.將水、細砂糖倒入鍋中煮滾，加入水飴、蜂蜜煮至132℃。

2.蛋白倒入攪拌盆中，分數次加入細砂糖攪打，打發。

3.將煮好的糖餡倒入打發的蛋白霜中，打發至40℃。

4 用噴火槍在鋼盆外噴點火氣，讓在攪拌盆邊緣的糖餡能順利流下。＊2

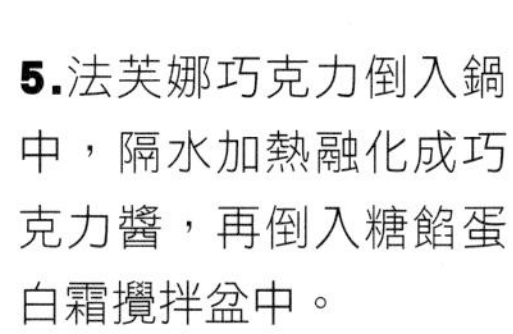

5.法芙娜巧克力倒入鍋中，隔水加熱融化成巧克力醬，再倒入糖餡蛋白霜攪拌盆中。

6 加入整顆無皮杏仁粒、整顆無皮榛果粒先烤過，再加入攪拌缸內拌勻。＊3

材料

水…………240c.c.
細砂糖…………750g.
水飴＊1…………375g.
蜂蜜…………675g.
蛋白…………180g.
細砂糖…………45g.
法芙娜66%巧克力…………300g.
整顆無皮杏仁粒…………525g.
整顆無皮榛果粒…………525g.
開心果…………200g.
杏桃乾…………100g.

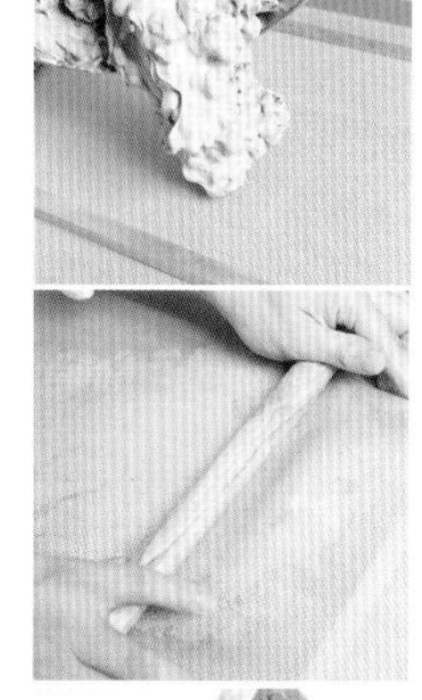

7.加入已切成小丁的杏桃乾，混合拌勻成奴加糖糰。

8.將奴加糖糰倒入模型內。

9.上面蓋上另一塊烤墊後擀壓平。

10.放在約20℃，濕度50%的室內，待硬後切成長條塊，切成適當大小即成。

chef's secret 大廚的秘訣

＊1 水飴就是麥芽，無色透明狀，易溶於水，味道清淡，不會搶奪食材本身的味道，通常用來製作糖果或軟糖。

＊2 用噴槍在攪拌缸外噴點火氣，保持缸體的熱溫，作用在於易於攪拌不凝結，並可把攪拌缸內壁的糖刮下，以免造成材料的耗損。

＊3 整顆無皮杏仁粒、榛果粒烤過，才能製作奴加糖，注意烤過後要保溫至50℃。

＊4 這個奴加糖的模型是空心的慕斯框，約30×25公分，高度則約只有3公分高即可。

＊5 這道奴加糖因需要費較多力氣攪拌，建議使用電動攪拌器製作，攪拌後的奴加糖糰也比較有嚼勁，有好的口感。

份量	60個
冷藏時間	常溫
賞味期間	冷藏3天

Raspberry Marshmallow

法式覆盆子棉花糖

棉花糖源自古埃及，約西元前2000年起，古埃及就有了棉花糖甜點，當時只有皇室和祭祀神明時才有機會享受這種特殊甜點。古埃及人擠出藥蜀葵（Marshmallow）植物樹汁，混合堅果和蜂蜜，當成喉糖。19世紀初被引入法國，法國廚師發現將藥蜀葵的黏液和水混合會形成濃的凝膠狀，進而將它和糖漿、蛋白、香草籽攪拌成棉花糖，變成普羅大眾最愛的甜點。

01 製作棉花糖 Marshmallow

材料

棉花糖

細砂糖……240g.
轉化糖……80g.
覆盆子果泥……160g.
轉化糖……100g.
吉利丁片……18g.
2℃冰開水……35c.c.
白蘭地……2c.c.

手粉

玉米粉……100g.
糖粉……100g.

1. 覆盆子果泥、細砂糖和80g.的轉化糖倒入鍋中，先煮至105℃～107℃，以溫度計測溫，直到溫度升約至115℃。

2. 吉利丁片放入35c.c.的冰水泡至變軟，連同100g.的轉化糖、白蘭地倒入盆中，再加入熱覆盆子果泥拌勻，使成粉紅色果泥。

3 將粉紅色果泥打發至到綿密柔滑的程度，注意打發時須小心，以用手指勾起微微下垂狀，呈現如同糖果麵糊般的質感為佳。

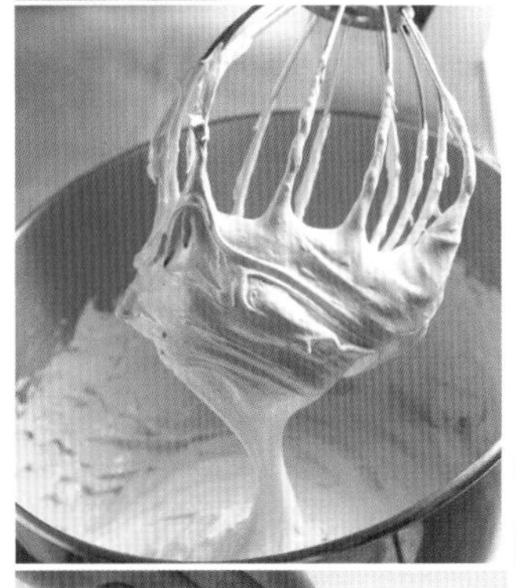

4 將玉米粉、糖粉拌勻過篩成手粉，撒在工作檯上。＊1

5. 將粉紅色果泥舀入三角擠花袋中。

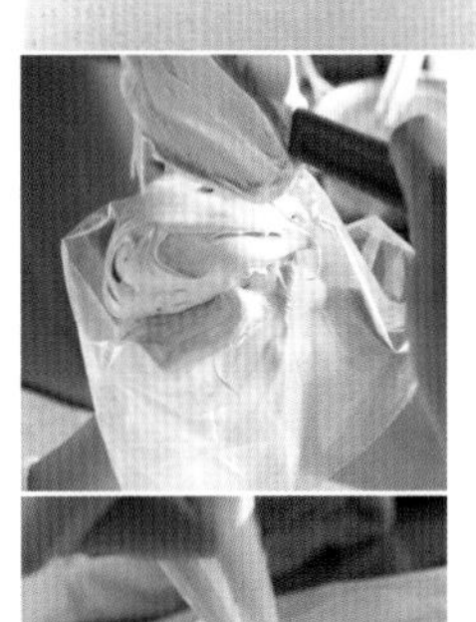

6. 將粉紅色果泥擠到工作檯的手粉上，擠成一個個三角椎狀的棉花糖，放在一般25～26℃的室溫下等6小時，或者等到隔天。

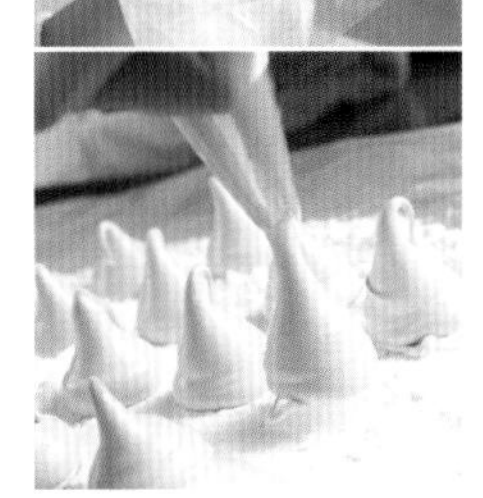

02 組合 Mix

棉花糖外層沾裹糖粉即成。

chef's secret 大廚的秘訣

＊1 一般手粉大多使用高筋麵粉，再撒在工作檯上，擀糕點麵糰、餅派皮麵糰時沾一些，可防黏手，但這裡使用的手粉由玉米粉、糖粉以1：1的比例混合而成，能增加棉花糖的甜度，提昇質感，不可隨便用高筋麵粉來充數。

＊2 白色轉化糖就是精製轉化糖，特色為保濕度高，保存時間較長。

份量	60個
模型	長方（30×25×3公分） 空心慕斯框
賞味期間	常溫14天

pâté de Fruit

法式百香水果軟糖

又稱水果泥軟凍，是將果肉、細砂糖、果膠一同熬煮，倒入模型中凝固，然後撒上細砂糖。果泥呈糊膏狀，所以稱為pâté。帶水果香的糖膏倒入烤盤切割，只要經過冷卻吹乾，依個人喜好可沾滾上細砂糖，馬上變成一塊塊外型可愛、甜度適中的軟糖了！

做法

材料

杏桃果泥……………………200g.
百香果果泥…………………800g.
細砂糖………………………100g.
軟糖果膠＊1…………………40g.
葡萄糖漿…………………200c.c.
細砂糖………………………330g.
海藻糖………………………530g.
檸檬汁………………………20c.c.

1. 將100g.的細砂糖、軟糖果膠倒入鍋中，煮到40℃時，加入杏桃果泥、百香果果泥拌勻。＊2

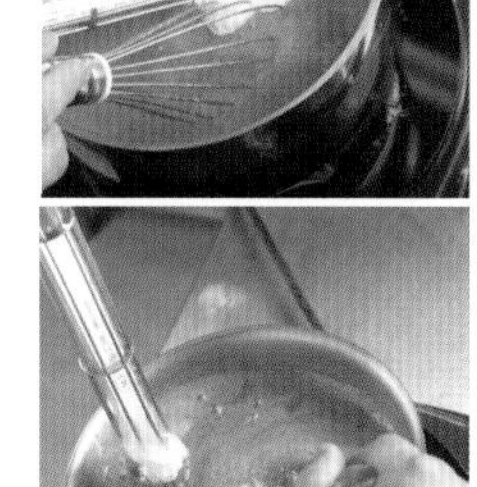

2. 加入330g.的細砂糖、海藻糖煮滾。

3. 加入葡萄糖漿煮滾，最後加入檸檬汁，拌勻成百香果餡。

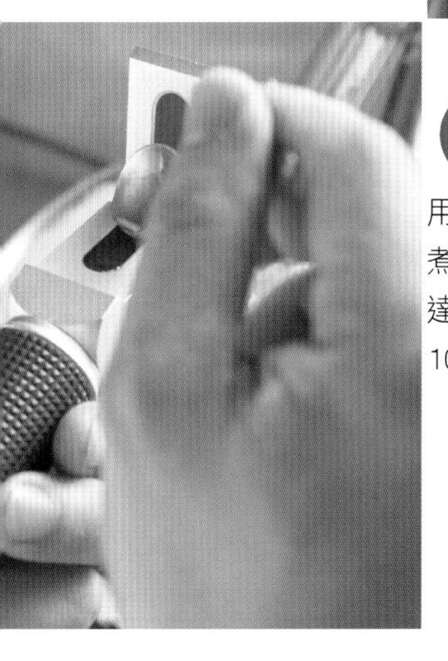

4. 用小湯匙舀起百香果煮餡，觀測糖度，需達到58度或煮至高溫107℃。＊3

5. 將百香果餡倒入烤墊上的空心長方框模內，待涼、定型後切塊即成。

chef's secret 大廚的秘訣

＊1 軟糖果膠，又叫軟糖膠，就是黃色果膠粉（pection），是粉狀，可於大一點的烘焙行購買或請原料商代為訂購。

＊2 軟糖果膠在這裡具有安定劑的作用，需一起和細砂糖混合拌散，然後在果泥加熱至40℃時加入拌勻。如果超過40℃，則果膠粉容易因溫度過高而結粒。

＊3 測定糖度的儀器叫作糖度計（光譜測糖器），是專門用來檢測糖度的，可將煮好軟糖液取1滴放入糖度計鏡片中，只要測得糖度約58度即可，在一般化工材料行皆可買到。

＊4 這類法式水果軟糖，可連同乾燥劑，一起密封在塑膠袋或密封罐中存放，避免軟糖因空氣中的水份而變得潮濕。

＊5 百香果餡要能成功，須注意觀察並達到所須的溫度、糖度，才能稱為軟糖。

Mandarin Passion Tart

香橙百香果塔

在圓形塔皮上鋪上水果、奶油類的甜餡料味，或是鹹口味的蔬菜餡，經過烘焙而成的傳統點心。這道在香酥的塔皮上放了酸酸甜甜的百香果和柳橙果醬的水果塔，搭著剛出爐的酥脆可口塔皮，一口咬下，美味無限！

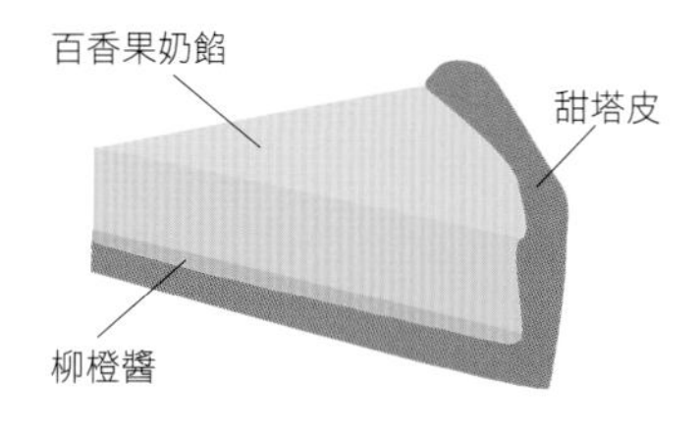

份量	4～5個
模型	6.5公分 塔皮專用模
上火/下火	上火170℃/ 下火170℃
單一溫度烤箱	170℃
烘烤時間	25分鐘
賞味期間	冷藏3天

材料

甜塔皮

- 奶油……225g.
- 糖粉……150g.
- 鹽……0.5～1g.
- 全蛋……75g.
- 日本低筋麵粉……475g.
- 泡打粉……2g.
- 香草粉……2g.

百香果奶餡

- 百香果果泥……70g.
- 橘子果泥（mandarin）……30g.
- 檸檬汁……7c.c.
- 全蛋……100g.
- 細砂糖……90g.
- 發酵無鹽奶油……140g.

柳橙醬

- 香吉士果肉……3顆量
- 細砂糖……60g.
- 檸檬果肉……1/2顆量
- 果餡粉……8g.
- 葡萄糖漿……20c.c.
- 蜂蜜……3g.
- 檸檬汁……12c.c.

其他

- 白巧克力……約10g.
- 手粉（高筋麵粉）……適量

01 Sweet Dough 製作甜塔皮

1 奶油、糖粉倒入盆中拌勻，分次加入全蛋、鹽拌勻，再加入低筋麵粉、泡打粉、香草粉等粉類混合拌勻成塔皮麵糰，放入冰箱冷藏2小時。

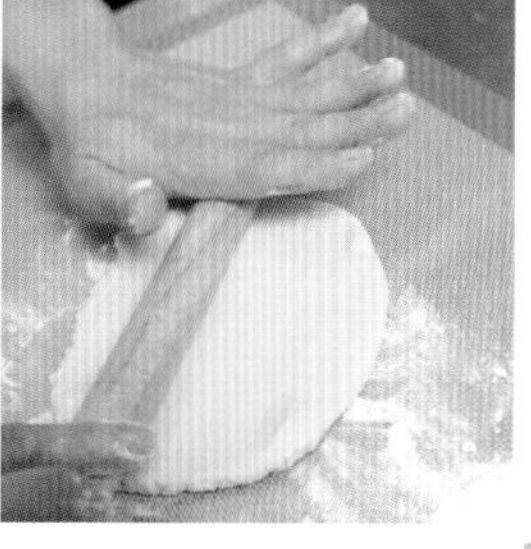

2. 在烤墊布上撒些手粉，放上塔皮麵糰，擀成約0.3公分厚的麵皮。＊1

3.以空心小圓模將麵皮壓切成一個個圓餅皮。

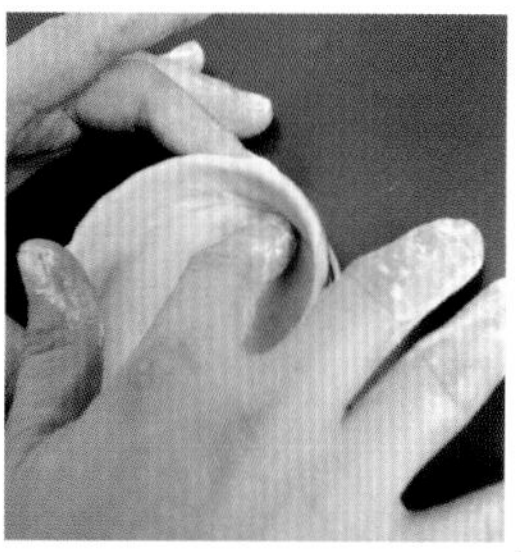

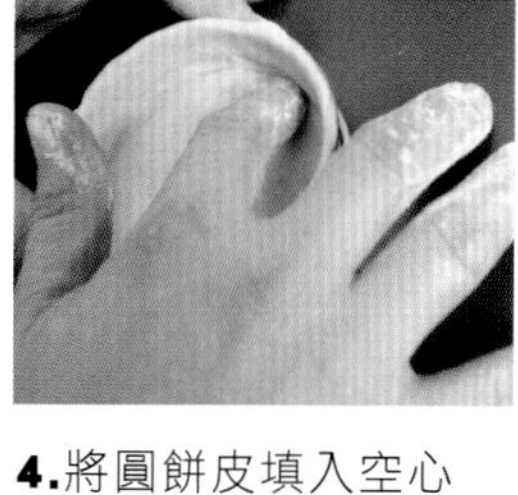

4.將圓餅皮填入空心圓框模中，內壓凹成圓塔底並壓緊，修去多餘的凸邊，使圓而美觀。

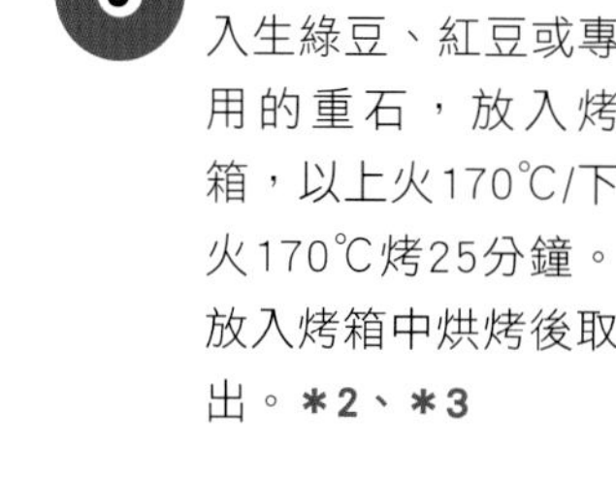

5 放入圓形烘焙紙，放入生綠豆、紅豆或專用的重石，放入烤箱，以上火170℃/下火170℃烤25分鐘。放入烤箱中烘烤後取出。＊2、＊3

02 Passion Cream 製作百香果奶餡

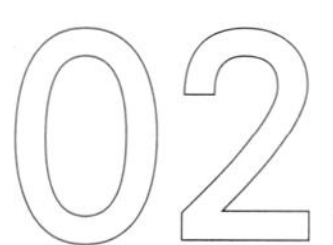

1.全蛋、細砂糖倒入鍋中拌勻。

2.百香果果泥、橘子果泥倒入另一鍋中煮滾後倒回做法1.鍋中，隔水加熱至82℃，邊煮邊拌勻。

3.加入檸檬汁並攪拌。

均質機乳化後，待降溫至40℃時，加入奶油拌至表面光滑即成。

03 Orange Jam 製作柳橙醬

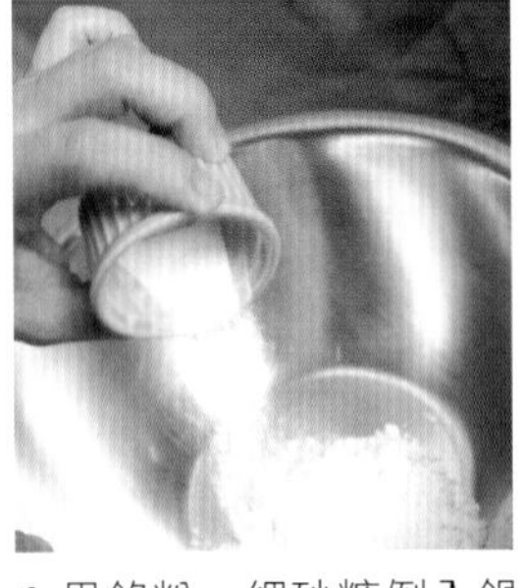

1.果餡粉、細砂糖倒入鍋中混合拌勻。

2.先加入香吉士果肉拌勻，再加入檸檬汁、檸檬果肉煮滾，續入葡萄糖漿、蜂蜜再煮滾。

chef's secret 大廚的秘訣

＊1 一般都是使用高筋麵粉當作壓擀派塔皮或麵糰時的手粉，隨手撒少許在工作檯上再壓揉麵糰，可防止麵糰中的油份出油沾黏，而使捏揉作業較乾爽順利。

＊2 製作甜塔皮時，可在麵皮上先放入生綠豆、紅豆或專用的重石，放入烤箱中烤，再取出使用，這是為了防止塔皮烤過受熱膨脹。

＊3 在烤好的塔皮內先抹上白巧克力液，可防止受潮，保持成品的酥脆度。

＊4 以往製作甜塔皮，把餅皮壓入圓模底後，通常會用叉子或牙籤在餅皮上戳洞透氣，以防烤過後受熱膨脹而使塔皮變形，但這樣做會使餡料容易流出，且從底部來看也不夠全然美觀，因此建議使用生綠豆、紅豆或重石填入塔皮再送烤，烤好塔皮後，不會膨脹變形或有底洞。

＊5 製作甜塔皮（甜派皮），配方中的鹽份量可為0.5～1g.，另可視需要加入香草粉或香草精，增加其口感。

04 Mix 組合

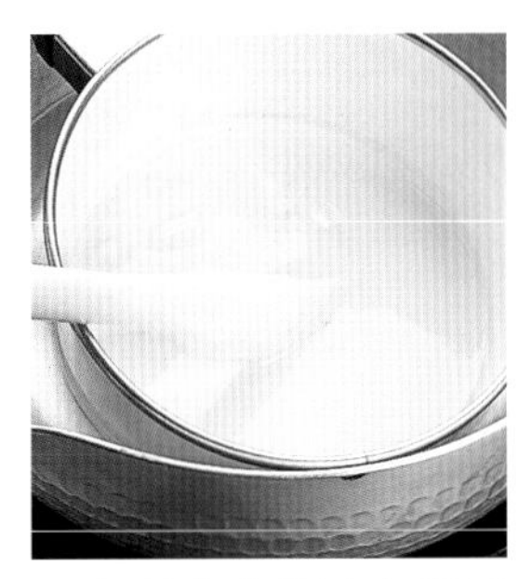

1.白巧克力隔水加熱融化。

2 將烤好的甜塔皮內先抹上白巧克力液。＊3

3.甜塔皮放入冷藏待白巧克力凝固，先倒入柳橙醬。

4.待柳橙醬稍凝固後，倒入百香果醬為餡即成。

Quiche

法式鹹派

鹹派源自於法國東北部法德交界處的洛林省（Lorraine），本來只是地方菜，現在則不僅是全法國到處可見的家常菜，更是世界知名的法國家鄉料理代表。據說，法式鹹派在17世紀時就已經出現在洛林省的歷史文件中，是指用派餅做成的鹹派。

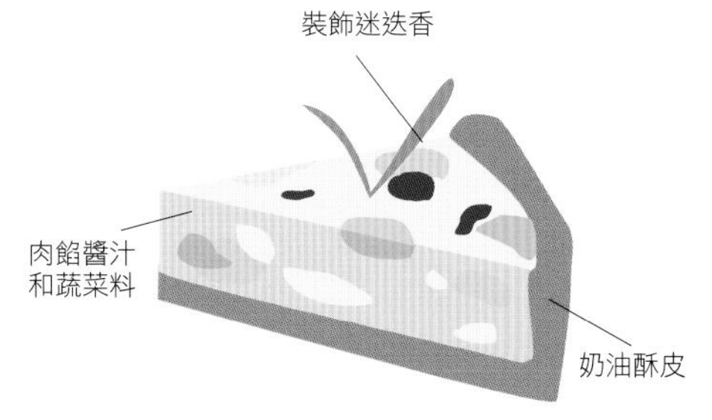

份量	2盤
模型	6吋派模
上火/下火	上火180℃/ 下火180℃
單一溫度烤箱	170℃
烘烤時間	20～25分鐘
賞味期間	冷藏3天

材料

奶油酥皮

- 片狀奶油……250g.
- 奶油……175g.
- 蛋黃……1個
- 牛奶……50c.c.
- 鹽……8g.
- 動物性鮮奶油……175g.
- 低筋麵粉……500g.

內餡醬汁

- 動物性鮮奶油……1,000g.
- 牛奶……1,000c.c.
- 蛋黃……10個
- 全蛋……10個
- 鹽……30g.
- 起司粉……225g.
- 胡椒粉……少許

蔬菜料

- 培根丁……適量
- 洋蔥丁……適量
- 蕃茄丁……適量
- 蘑菇丁……適量
- 黑胡椒粒……少許

01 Pastry Dough 製作奶油酥皮

1.低筋麵粉、鹽倒入攪拌缸中，倒入鮮奶油，再加入奶油和片狀奶油拌合（奶油和片狀奶油需先從冷凍庫中，取出切成小丁，再放入冰箱冷藏再使用）。

2.倒入蛋黃、牛奶攪拌。

3. 拌至成糰稍有小塊奶油，即成奶油酥皮麵糰。

4 酥皮麵糰冷藏4小時，擀開至0.3公分厚，整片壓入派模內。

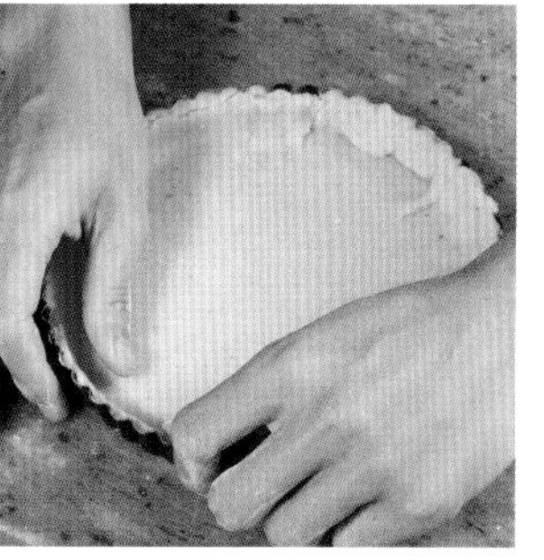

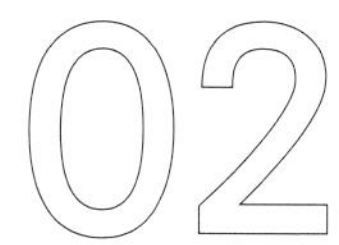

02 Egg Yolk Sauce 製作內餡醬汁

1.牛奶、蛋黃倒入盆中，先加入1/3冷藏的鮮奶油後攪拌，再加入起司粉、鹽、胡椒粉、全蛋一起拌勻成蛋糊。

2.將剩餘2/3的鮮奶油加熱到60℃，加入蛋糊拌勻，即成內餡醬汁。

03 Mix 組合

1.將壓入派模的奶油酥皮邊緣多餘的塔皮切掉。

2

在派皮上放一張圓型烤盤紙，放入重石壓住，放入烤箱，以上火180℃/下火180℃烤20分～25分鐘，出爐後取出重石和烤盤紙，即成派盤。＊1

3.將培根丁、洋蔥丁、蕃茄丁和蘑菇丁放入派盤中，稍微以湯匙鋪平。

4.撒上黑胡椒粒，倒入內餡醬汁至約九分滿。

5

派盤放在烤盤內，烤盤底下再多墊一層烤盤，入烤箱，以上火180℃/下火180℃烤20～25分鐘即成。＊2

chef's secret 大廚的秘訣

＊1 烘烤派模時，可先放入重石或紅豆粒進去烤，是為了防止派皮烤後不均匀而膨脹。重石可在一般烘焙材料店中買到。

＊2 最後烘烤鹹派時，因底部的派皮之前先烤過，算是半熟狀態，不需再以過高溫度來烤。所以，在底部多墊一層烤盤，隔絕過大的火力，以防烤焦。

＊3 一般在烘焙行中買得到的片狀奶油，約25×15公分大，是一扁塊狀的無鹽奶油。其乳脂肪含量高達84～85%，是一般奶油的2～3倍，含水量少，口感較濃郁，成品較香脆。一般奶油亦可使用。

＊4 製作奶油酥皮時，注意做法1.中加奶油後只要拌匀至八分即可，不須完全均匀攪拌。奶油酥皮不可攪拌過久，否則會產生筋性，容易收縮，而導致不成功。

＊5 使用均質機，可以讓拌匀的乳狀液或麵糊、麵糰快速均質乳化，質地匀稱，在烘焙食材用具行、百貨公司百靈牌等電器用品部可買到。

My Best No.1

Elegant

優雅

如絲絨般的光滑巧克力鏡面下，圓圓一小個的糕點包含了注入巧克力慕斯的巧克力塔、焦糖夏威夷堅果夾層，口感十分濃郁，是工序雖長卻極為優雅如同黑天鵝般的極致糕點。

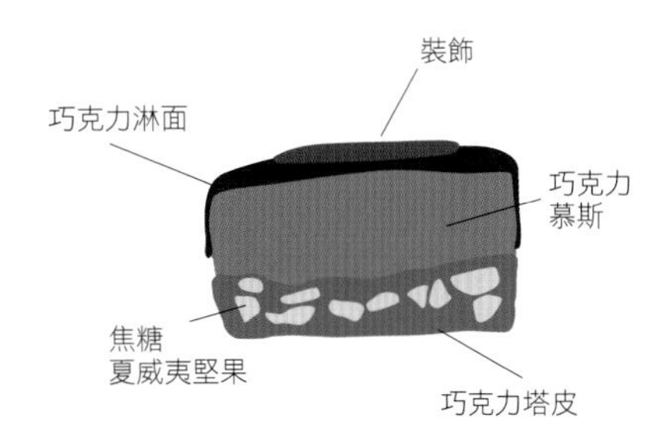

份量	約30個
模型	直徑6公分 高1.5公分 的小塔模
上火/下火	上火170℃/ 下火160℃
單一溫度烤箱	150℃
烘烤時間	16～22分鐘 (上下火) 20分鐘 (單一烤溫)
賞味期間	冷藏約3天

材料

巧克力甜塔皮

伊斯尼奶油……260g.
糖粉……165g.
鹽之花……2g.
全蛋……75g.
杏仁粉……70g.
米歇爾可可粉……60g.
低筋麵粉……385g.

焦糖夏威夷堅果

砂糖……200g.
海藻糖……100g.
85%白麥芽……200g.
伊斯尼奶油……170g.
伊斯尼動物鮮奶……340g.
鹽之花……3g.
米歇爾曼哥羅牛奶巧克力…35g.
米歇爾焦糖可可碎……55g.
烤過的夏威夷果……400g.
烤過的核桃……100g.
80℃微烤過的開心果…80g.
吉利丁片……4g.

巧克力慕斯

蛋黃……120g.
海藻糖……30g.
牛奶……450g.
吉利丁片……6g.
米歇爾64%巧克力……180g.
打發伊斯尼動物鮮奶油……450g.

巧克力淋面

砂糖……425g.
水……260g.
米歇爾可可粉……130g.
伊斯尼動物鮮奶油……240g.
焙爾鏡面果膠……265g.
吉利丁片……20g.

其他

裝飾巧克力片……適量
食用銀箔……適量

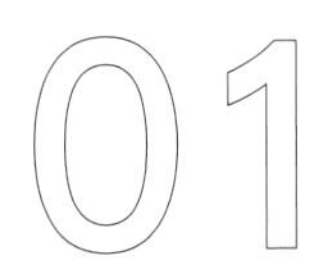

01 Chocolate Sweet Dough 製作巧克力甜塔皮

1.將奶油、糖粉和鹽之花倒入盆中拌勻。

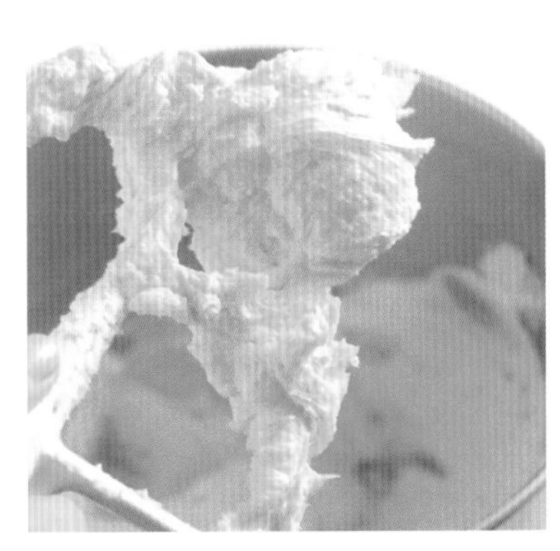

2.取部分做法**1.**慢慢和全蛋拌勻。

3.加入過了篩的杏仁粉、可可粉和低筋麵粉，拌勻成塔皮麵糰，然後將麵糰壓扁，包好塑膠膜，放入冰箱冷藏一晚。

4 取出塔皮，在墊布上撒些手粉，將塔皮擀成約0.3公分厚的麵皮。以小空心圓模將塔皮壓成一個個圓餅皮，將餅皮填入塔模中，用手指壓入使貼合塔模形狀。

5.將高出塔模，多餘的塔皮削掉。

6.放入圓形錫箔紙，倒入豆子或重石，放入烤箱，以上火170℃/下火160℃烤16～22分鐘，出爐後放涼。

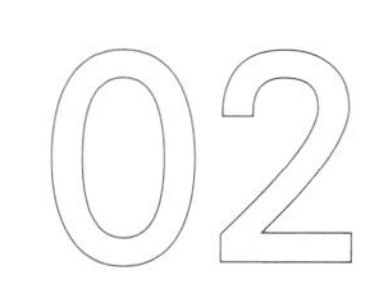

Caramel Nuts

製作焦糖夏威夷堅果

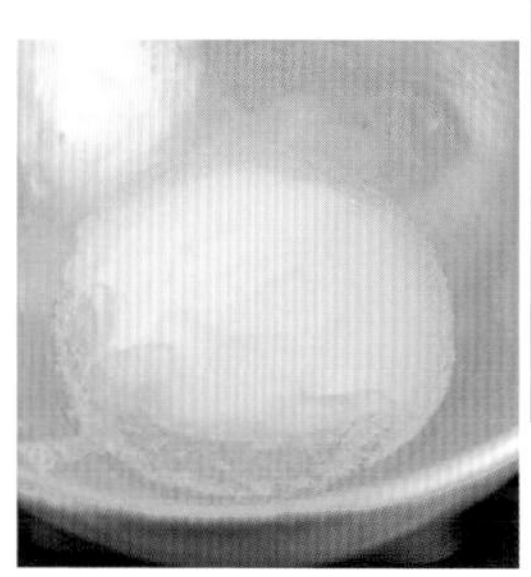

1.將砂糖、海藻糖和白麥芽倒入盆中混合。

2 加熱煮至焦化，倒入奶油、鮮奶油和鹽之花拌勻。

3.依序加入牛奶巧克力、焦糖可可碎、夏威夷果、核桃和開心果，稍微拌勻。

4.加入泡軟的吉利丁片拌勻即成。

5.取適量的焦糖夏威夷堅果舀入塔殼內，靜置一會。

03 Chocolate Mousse 製作巧克力慕斯

1.將蛋黃、海藻糖倒入盆中攪拌。

2.牛奶加熱煮滾，倒入做法**1.**中拌勻。

3

倒回鍋中回煮，回煮至呈濃稠，再加入泡軟的吉利丁片拌勻。

將拌勻的蛋黃牛奶液倒入巧克力中，以均質機使其乳化。＊1

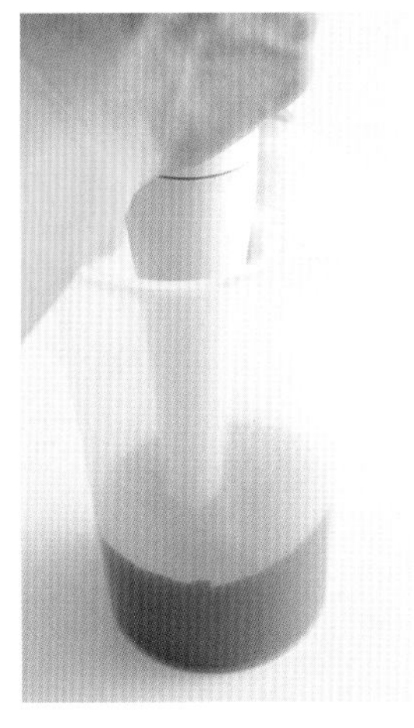

5.將打發鮮奶油倒入乳化巧克力液中即成慕斯。

6.將慕斯倒入模型中，抹平，模型稍微敲一下桌面讓空氣跑出，放入冰箱冷藏冰硬。

04 製作巧克力淋面 Chocolate Glacage

1.將1/2量的砂糖、水倒入鍋中煮滾，再加入剩餘的砂糖和可可粉拌勻。

2.鮮奶油倒入另一個鍋中煮滾。

3 將熱鮮奶油倒入可可液中，待降溫至26℃～28℃，加入泡軟的吉利丁片和果膠融化，即成淋面。

05 組合 Mix

1 取出冰箱的巧克力慕斯，脫模後放在網架上，淋上巧克力淋面。＊2

2.將完成的慕斯，放在焦糖夏威夷堅果塔殼上。

3.也可用巧克力片、食用銀箔裝飾，放入冰箱冰硬即可。

chef's secret 大廚的秘訣

＊1 在製作巧克力慕斯的做法4.，用均質機加速乳化，能使慕斯不致有顆粒狀而有失滑順，尤其在攪勻蛋奶液時，善用均質機能達到綿密融合的效果。

＊2 組合時，淋上巧克力淋面後，可用手抖一抖網架，使多餘的巧克力液流下，鏡面效果更加平順光滑。

Tarte Meringuée Au Citron

法式烤檸檬小塔

檸檬口感甜中帶著清爽的酸香，塔皮脆，餡料鬆軟，是法式傳統糕點中相當受歡迎的可口小點。

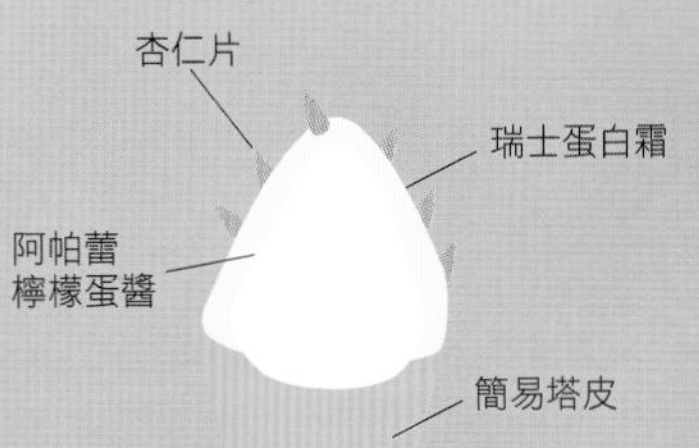

份量	14～16個
模型	直徑約6公分的小塔模
上火/下火	上火180℃/下火160℃（第一次）
	上火170℃/下火160℃（第二次）
單一溫度烤箱	150℃（第一次）
	150℃（第二次）
烘烤時間	20分鐘（上下火第一次）
	12分鐘（上下火第二次）
	20分鐘（單一烤溫第一次）
	10分鐘（單一烤溫第二次）
賞味期間	冷藏約2天

材料

法式簡易塔皮

伊斯尼奶油........................425g.
日本熊本珍珠低筋麵粉......650g.
伊斯尼動物鮮奶油........175g.
蛋黃......................................20g.
牛奶......................................50g.
鹽之花....................................7g.

阿帕蕾檸檬蛋醬

全蛋......................................900g.
砂糖......................................900g.
玉米粉....................................48g.
日本熊本珍珠低筋麵粉........48g.
檸檬汁..................................540g.
伊斯尼奶油..........................720g.

瑞士蛋白霜

蛋白......................................100g.
砂糖..90g.

其他

嘉崧純糖粉............................40g.
未烤過的杏仁片................ 100g.

01 製作法式簡易塔皮 Tart Dough

1.將奶油切成小塊，放入冰箱冷凍至變硬。

2 取出奶油塊，加入麵粉，以低速攪拌至呈粉沙粒狀。

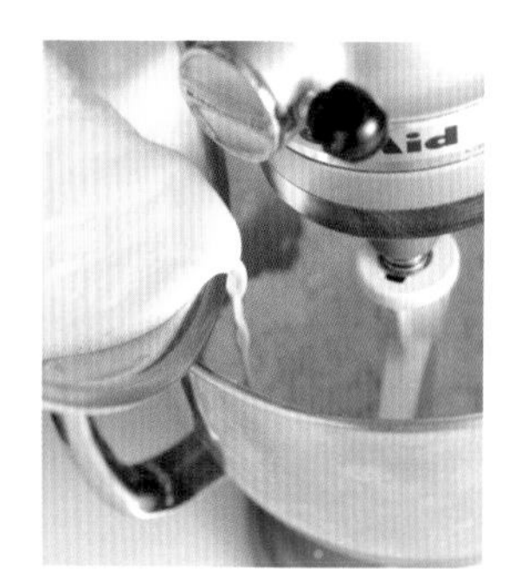

3.將鮮奶油、蛋黃、牛奶、鹽之花倒入盆中拌勻，再慢慢一點點倒入沙粒盆中，邊倒入邊攪拌。

4.拌成派皮麵糰，將麵糰壓扁，包好塑膠膜，放入冰箱冷藏一晚。

02 製作阿帕蕾檸檬蛋醬 Lemon Appareil

1.將全蛋、砂糖、玉米粉、低筋麵粉和檸檬汁倒入鍋中，一起拌勻，加入奶油煮滾。

2.過篩即成。＊

03 組合和烘焙 Mix&Oven

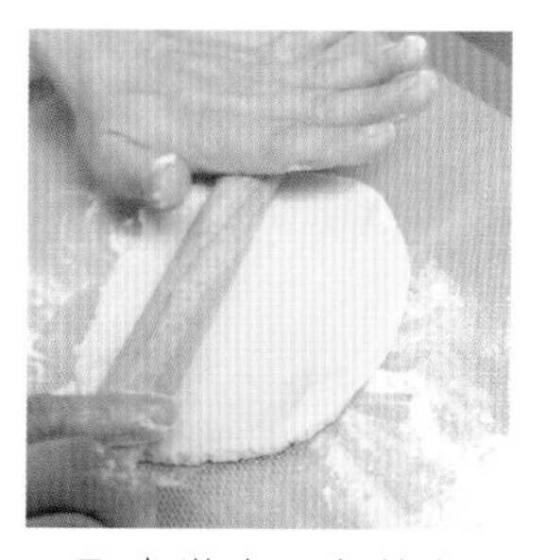

1.取出塔皮，在墊布上撒些手粉，將塔皮擀成約0.3公分厚的麵皮。

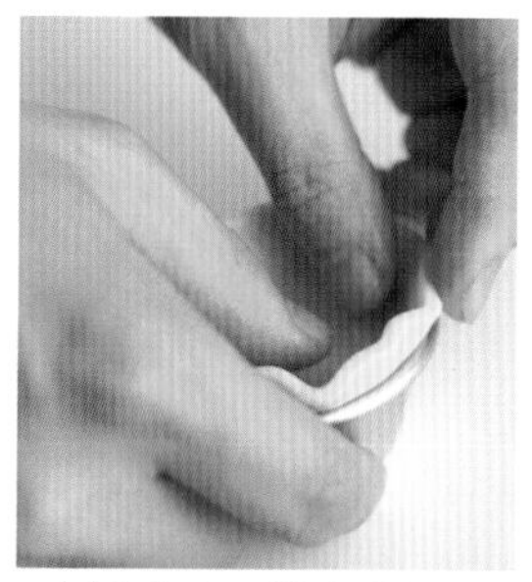

2.以小空心圓模將塔皮壓成一個個圓餅皮，再將餅皮填入塔模中，用手指壓入。

3.以手指內凹壓成貼合塔模形狀，將高出塔模，多餘的塔皮削掉。

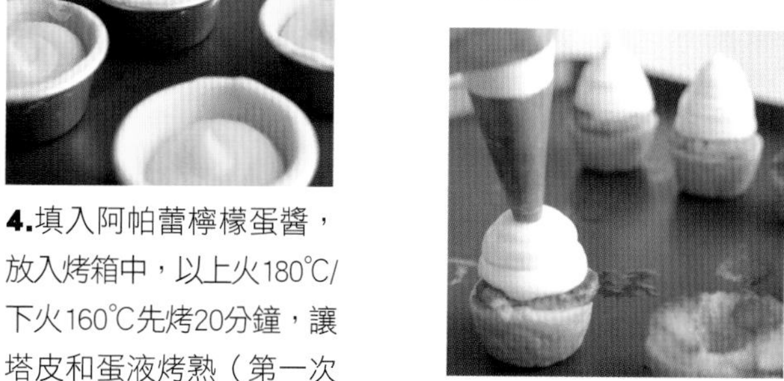

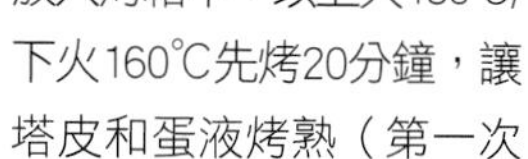

4.填入阿帕蕾檸檬蛋醬，放入烤箱中，以上火180℃/下火160℃先烤20分鐘，讓塔皮和蛋液烤熟（第一次烤）。

5.取出烤好的塔脫模，置於一旁放涼。

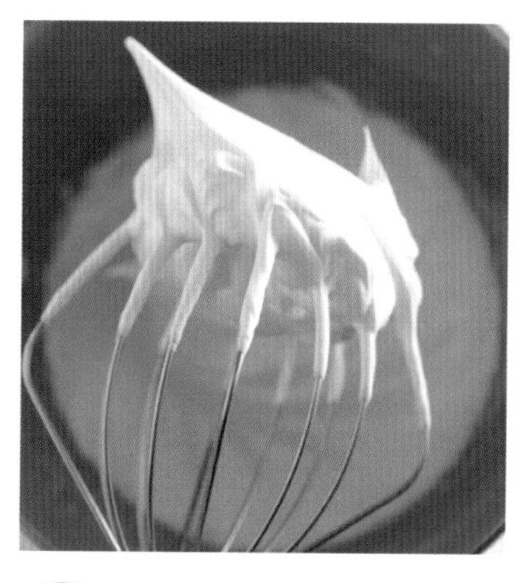

6 準備製作瑞士蛋白霜。將蛋白倒入盆中，加入砂糖，隔水加熱至36℃後打發。

7.拌入純糖粉，即成瑞士蛋白霜。

8.將蛋白霜擠在塔皮上。

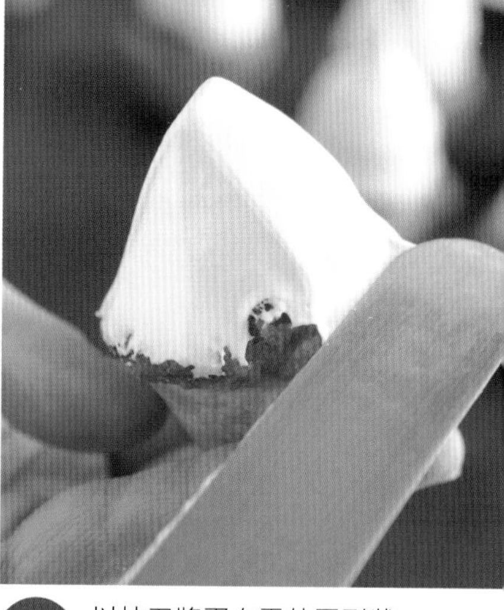

9 以抹刀將蛋白霜外圍形狀修平整。

10.在蛋白霜表面，插入適量未烤過的杏仁片。

11.撒上糖粉，然後放入烤箱進行第二次烘烤，以上火170℃/下火160℃烤約12分鐘。

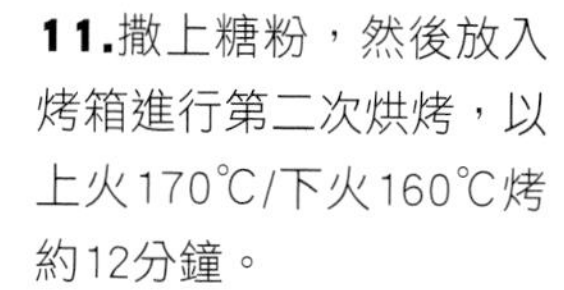

＊阿帕蕾檸檬蛋醬，法文原文的Appareil意指把粉末、蛋、牛奶、奶油等數種材料混合出膨脹的麵糊，除了在此填入塔皮內，還運用於巴伐露（Bararois）鮮奶油、蛋奶酥、慕斯類。

Chocolate with Raspberry Flavor Level Cake

羅斯貝莉

充滿覆盆子、黑醋栗甜中帶酸果香氣息，以及巧克力杏仁香馥味的羅斯貝莉，是道做工高檔、層次分明的濃郁糕點，蘊含一股吃過就會上癮的魔力。

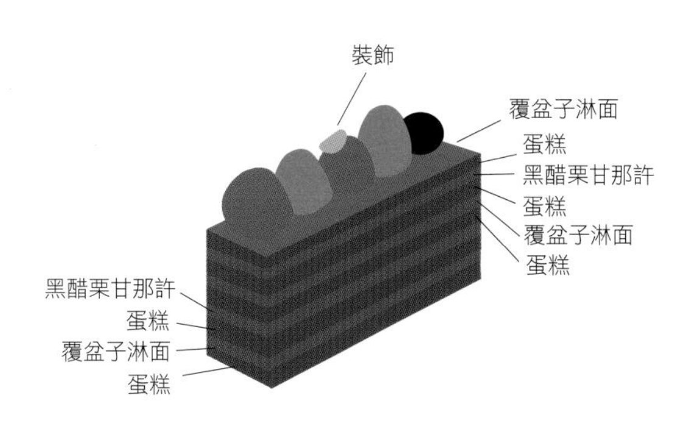

份量	1盤量
模型	24×35公分烤盤
上火/下火	上火200℃/下火170℃（蛋糕）
	上火150℃/下火150℃（沙布列）
單一溫度烤箱	160℃（蛋糕）
	140℃（沙布列）
烘烤時間	12～15分鐘（上下火，蛋糕）
	25分鐘（上下火，沙布列）
	12分鐘（單一烤溫，蛋糕）
	20分鐘（單一烤溫，沙布列）
賞味期間	冷藏約3天

材料

巧克力杏仁蛋糕（3盤）

- 聯馥65%杏仁膏……645g.
- A砂糖……195g.
- 蛋黃……315g.
- 全蛋……225g.
- 蛋白……375g.
- B砂糖……195g.
- 低筋麵粉……165g.
- 可可芭瑞可可粉……75g.
- 米歇爾99%巧克力……150g.
- 伊斯尼奶油……150g.

巧克力沙布列

- 伊斯尼奶油……250g.
- 砂糖……160g.
- 蛋黃……100g.
- 低筋麵粉……240g.
- 可可芭瑞可可粉……60g.
- 杏仁粉……60g.
- 泡打粉……2g.
- 鹽之花……1.6g.

波美糖水

- 砂糖……135g.
- 水……100g.

黑醋栗甘那許（共2層）

- 日本OMU生鮮奶油……112g.
- 可可芭瑞40%牛奶巧克力……264g.
- 米歇爾63%巧克力……236g.
- 邦提耶黑醋栗果泥……244g.
- 邦提耶藍莓果泥……122g.
- 焙得轉化糖漿……42g.
- 伊斯尼奶油……132g.

覆盆子淋面（共3層）

- 整粒冷凍覆盆子… 360g. ＊1
- 水……150g.
- A砂糖……90g.
- B砂糖……54g.
- 黃色果膠(yellow pectin)…13.2g. ＊2
- 麥芽……30g.
- 中性果膠……54g.

酒糖水

- 波美糖水……219g.
- 飲用水……100g.
- 覆盆子白蘭地酒……80g.

其他

- 果膠……適量
- 覆盆子等裝飾……適量

01 Chocolate Biscuit Joconde
製作 巧克力杏仁蛋糕

1.杏仁膏倒入盆中，加入A砂糖拌勻，分次加入蛋黃、全蛋打發。

2.蛋白倒入另一盆中，分數次加入B砂糖打發成蛋白霜。

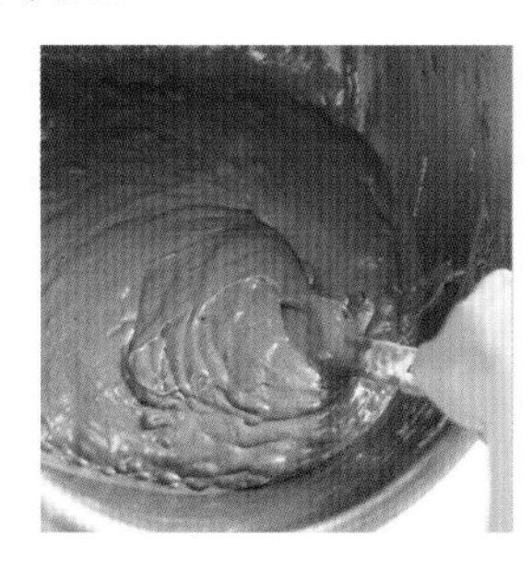

3.將蛋白霜拌入杏仁蛋黃液中拌勻，再拌入低筋麵粉、可可粉拌勻。

4.隔水加熱融化奶油和巧克力至45℃，再倒入可可麵糊中，拌勻成麵糊。

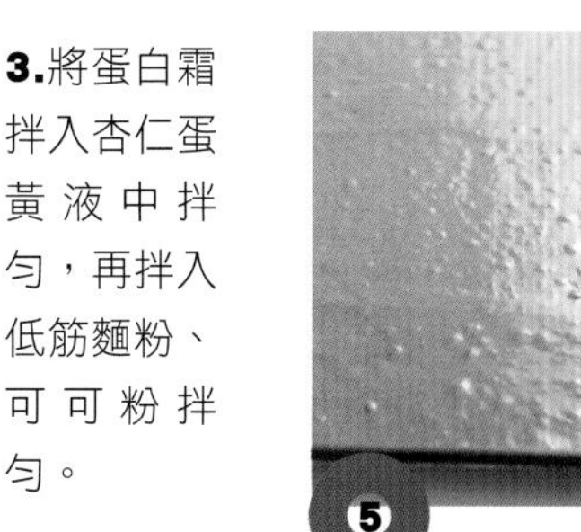

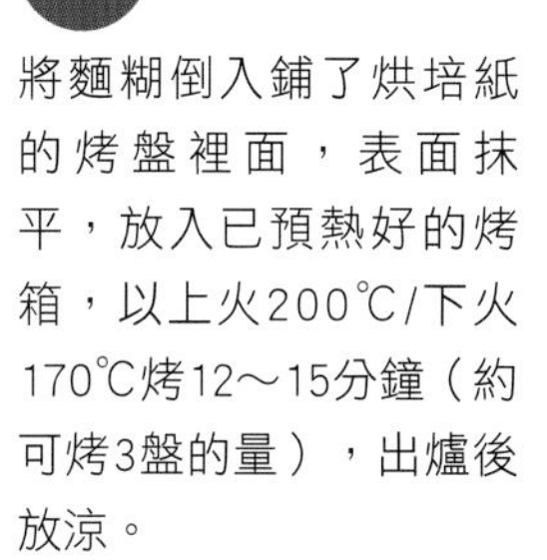

5 將麵糊倒入鋪了烘培紙的烤盤裡面，表面抹平，放入已預熱好的烤箱，以上火200℃/下火170℃烤12～15分鐘（約可烤3盤的量），出爐後放涼。

02 Chocolate Sables
製作 巧克力沙布列

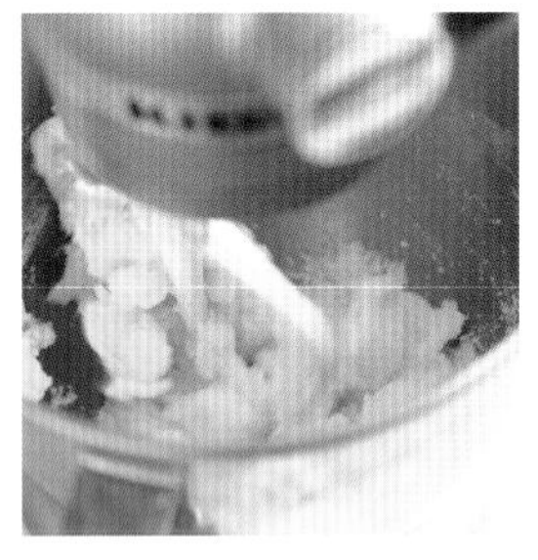

1.將奶油、砂糖倒入盆中拌勻。

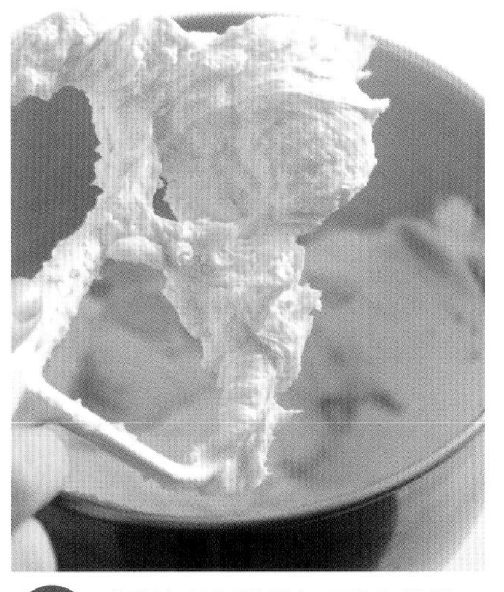

2 慢慢加入蛋黃拌勻至乳化狀態。

3.加入已過篩的低筋麵粉、可可粉、杏仁粉和泡打粉、鹽之花拌勻，然後放入已預熱好的烤箱，以上火150℃/下火150℃烤25分鐘，出爐後放涼。

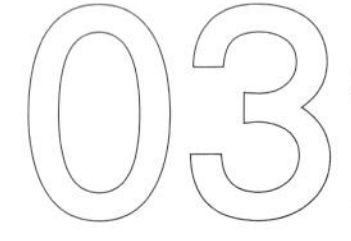

Blackcurrant Ganache
製作黑醋栗甘那許

1.將生鮮奶油沖入隔水加熱融化的巧克力中。

2 加入黑醋栗果泥、藍莓果泥攪拌，利用均質機乳化至完全沒有顆粒。

3.加入轉化糖漿，盆子下面墊一盆冰塊水，邊攪拌邊使其降溫至38℃。

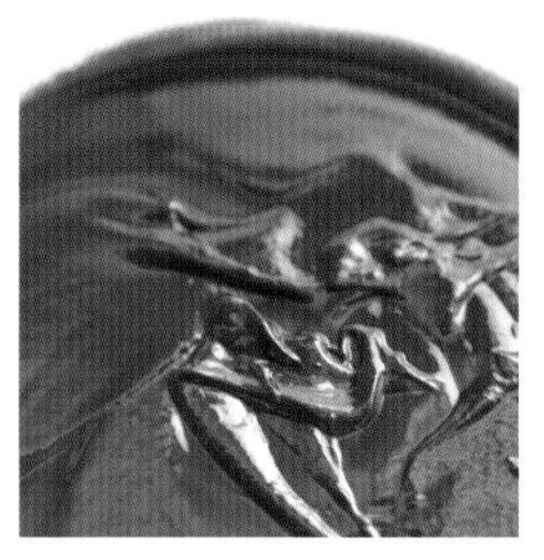

4.加入奶油拌勻，使其乳化即成，放涼。

Raspberry Glacage
製作覆盆子淋面

1.整粒冷凍覆盆子倒入盆中，加入水、A砂糖一塊拌勻。

2.B砂糖加入黃色果膠一塊拌勻，倒入覆盆子液中煮滾，再加入麥芽、中性果膠拌勻。

3.煮至完全均勻，倒入模型中鋪平，放入冰箱冰硬。

05 Syurp 製作酒糖水

1.先製作波美糖水（Brix 30）。將水倒入鍋中煮滾，加入砂糖再煮滾即成。

2.將波美糖水、飲用水和覆盆子白蘭地酒拌勻即成，放涼。

chef's secret 大廚的秘訣

＊1 使用整粒冷凍覆盆子製作淋面是必需的，如果使用一般的果泥，鏡面效果將不夠勻滑而打了折扣。

＊2 覆盆子淋面材料中的黃色果膠，一般在廠商購買時須買大包裝，如只使用少量，可在一般烘焙行買分裝的小包量。中性果膠是不加香料、甜度合宜的果膠，也可在烘焙材料行買到。

06 Mix 組合

1.取出冰好的覆盆子淋面，當作第一層。

2.接著排上一層巧克力杏仁蛋糕。

3.在蛋糕上擦拭酒糖水。

4.然後再放上黑醋栗甘那許，抹平。

5 接著依序放上巧克力杏仁蛋糕→覆盆子淋面→巧克力杏仁蛋糕→黑醋栗甘那許→巧克力杏仁蛋糕→覆盆子淋面→巧克力杏仁蛋糕，最後塗上果膠。

6.切成適當大小，排上覆盆子等裝飾即成。

My Best No.4

Hokkaidō Cheese Cake-Roll

北海道起司蛋糕卷

這道點心利用每日現製，質感香滑、細緻、濃醇的北海道十勝奶油起司，搭配上其他頂級材料，造就出風味清爽鮮香的人氣蛋糕卷。

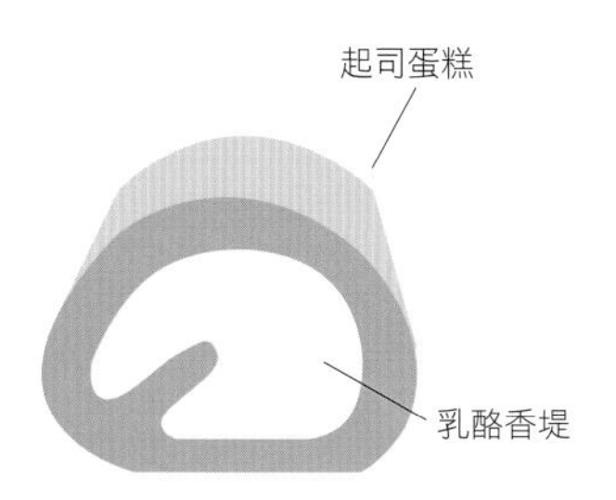

份量	1盤量
模型	60×40公分烤盤
上火/下火	上火185/ 下火130℃
單一溫度烤箱	不建議使用
烘烤時間	12～15分鐘
賞味期間	冷藏約2～3天

材料

起司蛋糕（1盤）

- 北海道十勝奶油起司...220g.＊1
- 日本OMU生鮮奶油...50g.
- 葡萄籽油...60g.
- 蛋黃...280g.
- 蜂蜜...8g.
- A砂糖...80g.
- 蛋白...270g.
- B砂糖...90g.
- 海藻糖...30g.
- 日本熊本珍珠低筋麵粉...90g.＊1
- 玉米粉...22g.

起司卡士達餡

- 牛奶...500g.
- 香草莢...1支
- 蛋黃...140g.
- 砂糖...85g.
- 日本熊本珍珠低筋麵粉...15g.
- 玉米粉...15g.
- 北海道十勝奶油起司...450g.

乳酪香堤

- 日本OMU生鮮奶油...425g.
- 海藻糖...20g.＊1
- 起司卡士達餡...400g.
- 砂糖...6g.

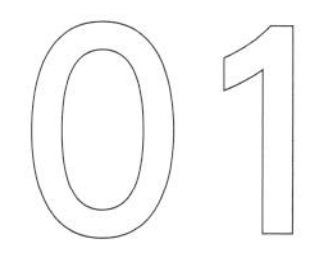

01 製作起司蛋糕

Cheese Cake

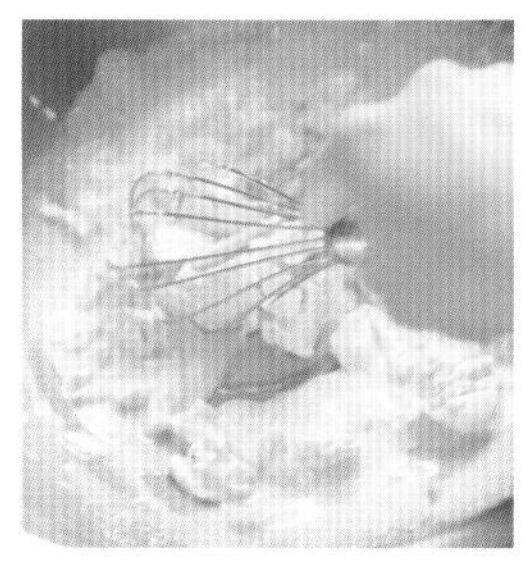

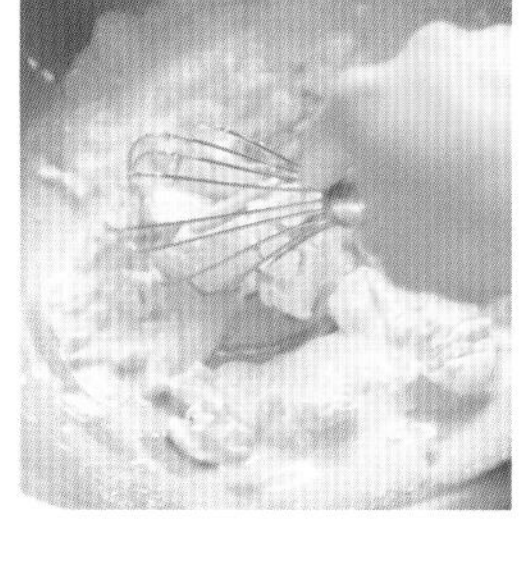

1.奶油起司、生鮮奶油、葡萄籽油倒入盆中稍微拌勻。

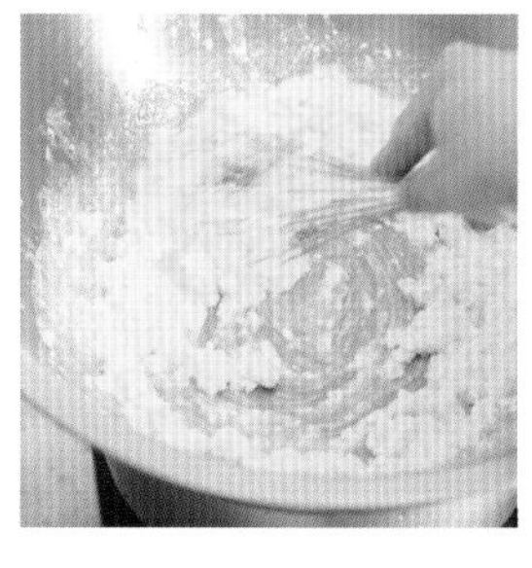

2.隔水加熱至48℃，使其溶解鮮奶油液。

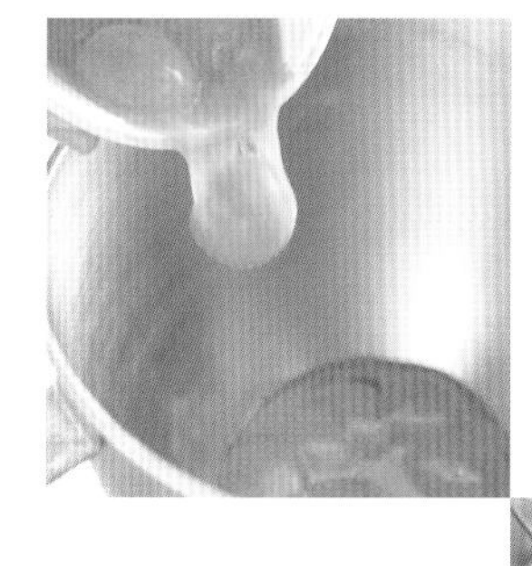

3.蛋黃倒入另一盆中，加入蜂蜜、A砂糖。

4.隔水加熱至32℃，然後打發。

蛋白倒入另一盆中，分次加入B砂糖打至八分發，即接近乾性發泡。

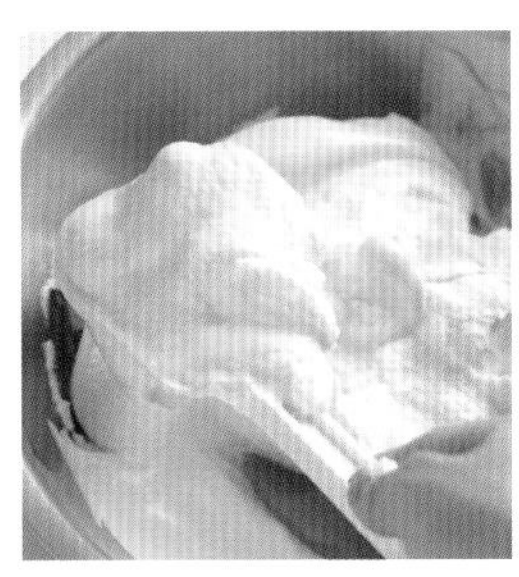

6.拌入全部的打發蛋黃，拌勻。

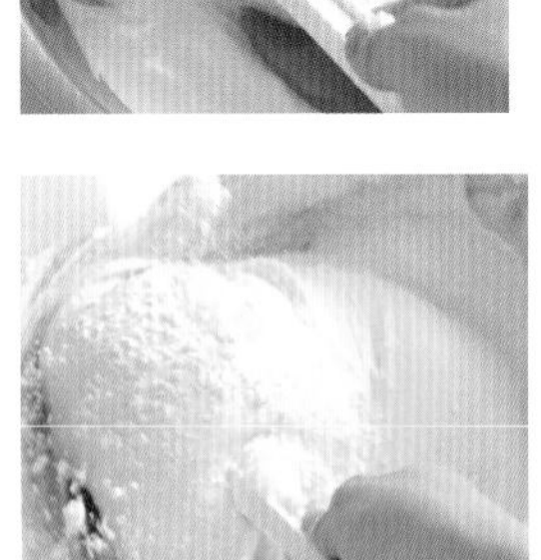

7.加入海藻糖、低筋麵粉和玉米粉拌勻成麵糊。

8.取一部份麵糊拌入鮮奶油液中先拌勻。

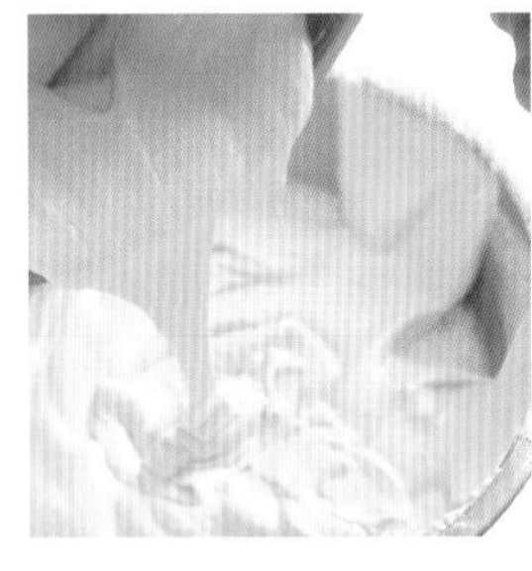

9.拌勻後全部倒入麵糊中拌勻。

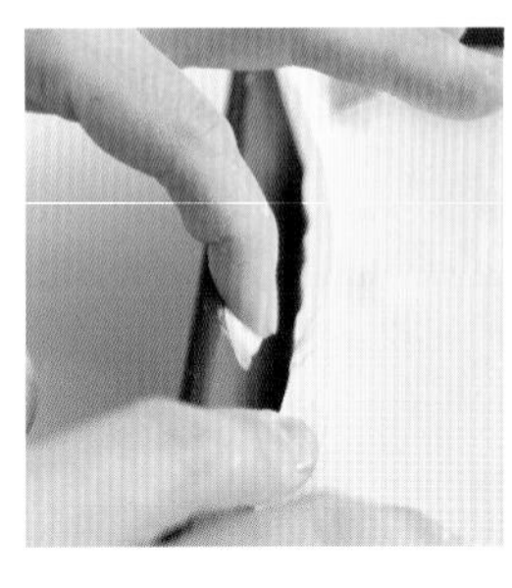

10.烘培紙鋪在烤盤上（60×40公分），手指沾一點麵糊，將烘培紙和烤盤黏住。

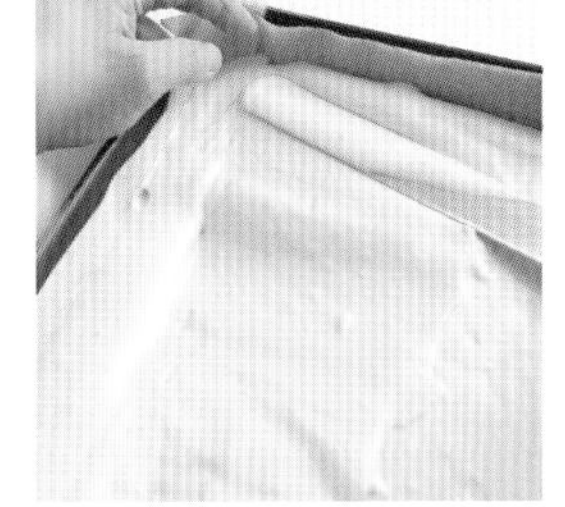

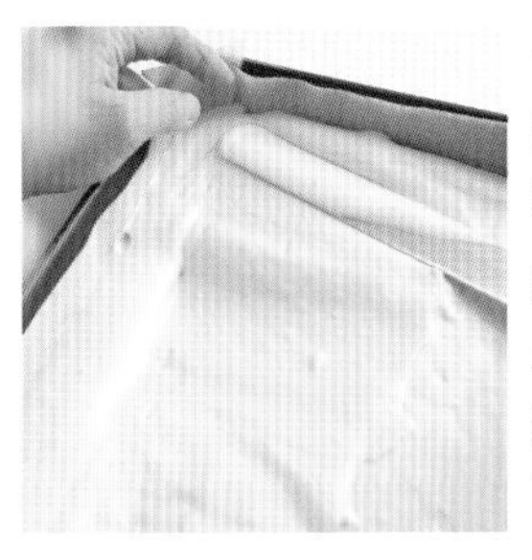

11.將麵糊倒入烤盤裡面，表面抹平，放入已預熱好的烤箱，以上火185/下火130℃烤12～15分鐘(約可烤2盤的量)。

02 起司卡士達餡 Cheese Custard

1.香草莢從中剖開，刮出香草籽，整個連同牛奶倒入鍋中煮滾。

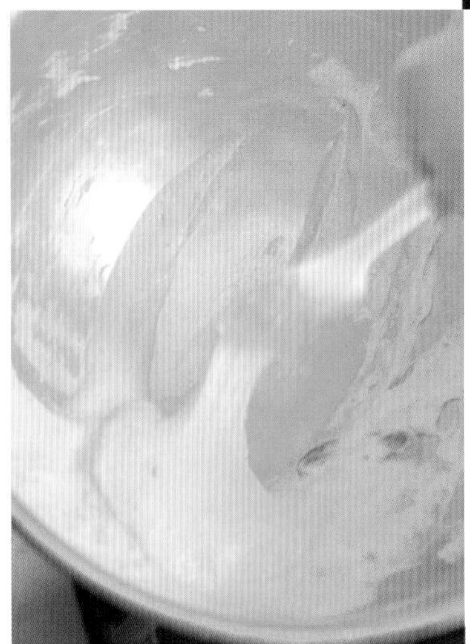

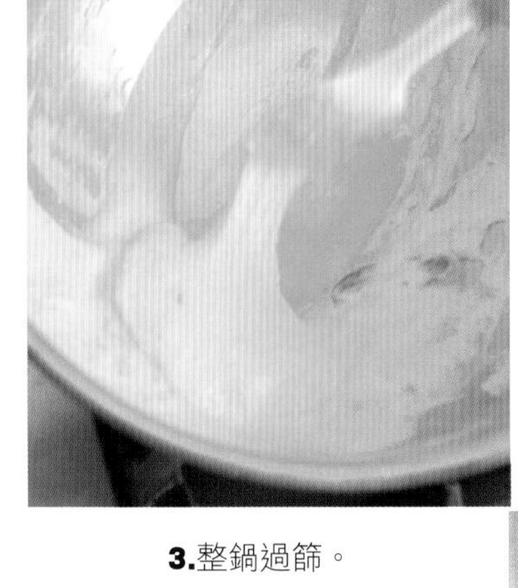

2 沖入蛋黃、砂糖、日本熊本珍珠低筋麵粉、玉米粉，再回煮至滾。**＊2**

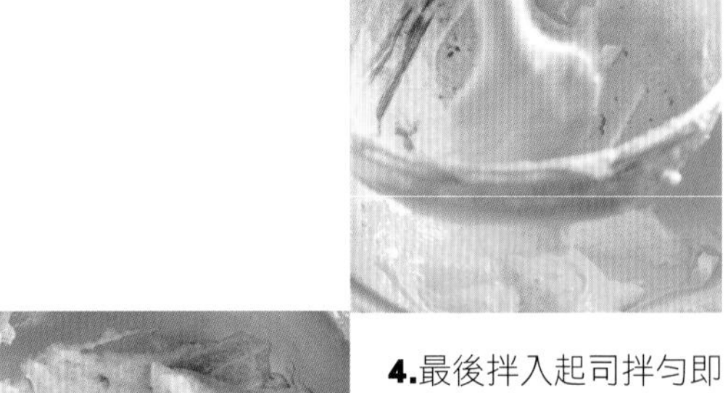

3.整鍋過篩。

4.最後拌入起司拌勻即成。

03 Cheese Chianti 乳酪香堤

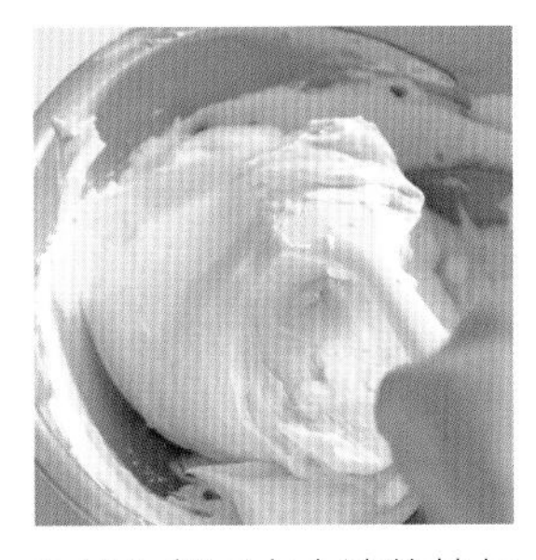

1.生鮮奶油、海藻糖、砂糖倒入盆中，打發。

2.加入起司卡士達餡拌勻即成。

chef's secret 大廚的秘訣

＊1 使用日本熊本珍珠低筋麵粉，價格較高，但口感細膩、口味佳；北海道十勝奶油起司則是低溫殺菌製成，保留醇濃的奶香味，沒有一般奶油起司的酸味；海藻糖具有柔軟、保濕的特性，比一般砂糖更優質。

＊2 在製作起司卡士達餡時，回煮至滾、過篩後才能拌勻起司，是因為煮鍋內的材料含有蛋黃卵磷脂，須達到一定的溫度才能溶解、打發，使餡料口感綿密。

04 Mix 組合

1.將起司蛋糕放好，均勻抹上乳酪香堤，準備捲蛋糕卷。

將木棍放在烘培紙後，連同蛋糕輕輕提起。

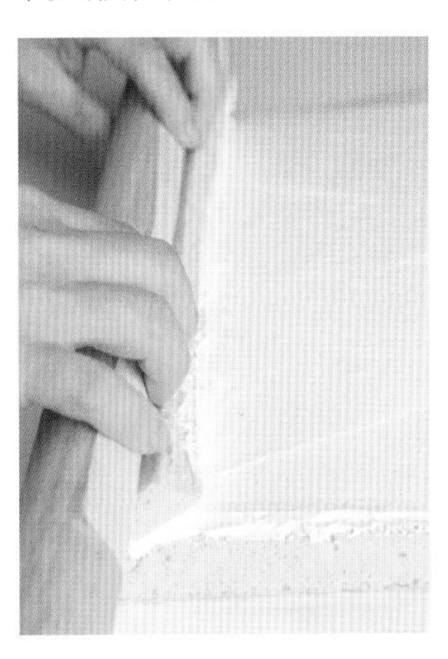

讓蛋糕慢慢往前推進（捲）。

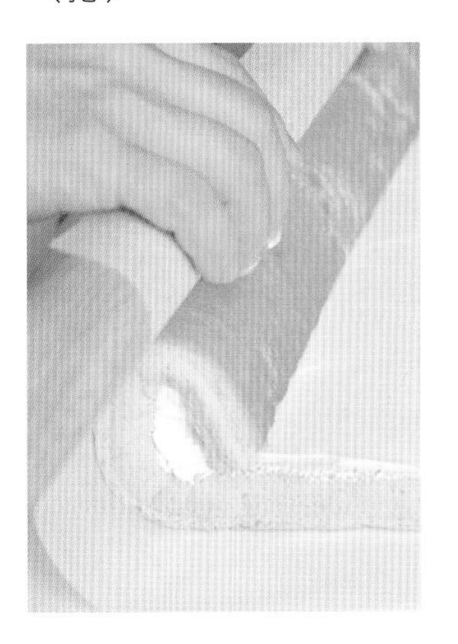

4

繼續推到底，將整個蛋糕捲好，移走木棍以手稍微固定蛋糕卷，但不要壓。

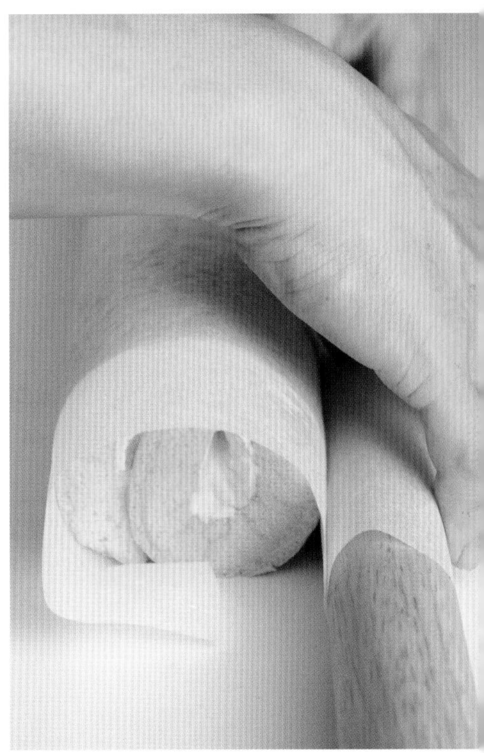

My Best No.5

Lemon Madeleine

檸檬瑪德蕾尼

由於法國大文豪普魯斯特（Marcel Proust）在小說《追憶似水年華》回憶兒時的甜美糕點，使具有貝殼般可愛造型的瑪德蕾尼風靡全世界，與它類似的糕點則有另一款多加了杏仁材料的休可瑪（金磚，Financier，見本書p.100）常溫蛋糕。

檸檬瑪德蕾尼蛋糕

份量	12～15個
模型	瑪德蕾尼專用貝殼模
上火/下火	上火180/下火170℃
單一溫度烤箱	160℃
烘烤時間	約15分鐘（上下火）
	約12分鐘（單一烤溫）
賞味期間	冷藏3天

材料

砂糖……410g.
黃檸檬皮……20g.
日本熊本珍珠低筋麵粉……375g.
泡打粉……12g.
蛋黃……160g.
蛋白……225g.
葡萄糖漿……20g.
伊斯尼奶油……380g.＊1

01 Cake Paste 製作麵糊

1.將砂糖、黃檸檬皮先放入食物調理機中打勻，然後拌入低筋麵粉、泡打粉。

2.倒入先拌好的蛋黃、蛋白、葡萄糖漿，再加入隔水加熱融化好的奶油。

3.拌勻成麵糊，放入冰箱冷藏一晚。＊2

01 Oven 烘焙

1.在模具內抹奶油或噴上防烤油，有助於烤好後脫模。

2 將麵糊擠入模型內，擠約八分滿，不要太多太滿。

3.放入已預熱好的烤箱，以上火180/下火170℃烤15分鐘。

chef's secret 大廚的秘訣

＊1 來自法國諾曼地AOC法定產區的伊斯尼奶油（Isigny Ste Mère），散發特殊的榛果風味及濃郁奶香。

＊2 製作好麵糊，可用攪拌刀器把麵糊勾起來檢視，須達穠稠度高、不滴落的程度，待麵糊放冷後，冷藏至第二天再烤，能使材料分子達到完全融合，成品更加細緻、口感芳醇。

Caramel Mandalin Cake-Roll

焦糖曼特寧咖啡蛋糕卷

這道口感細緻交融、濃郁香醇的蛋糕卷，散發咖啡香、焦糖的甜蜜，以及奶油、核桃碎、杏仁片的豐富滋味，適合搭配曼特寧咖啡或紅茶享用，才不會感到過甜，保有最佳滋味。

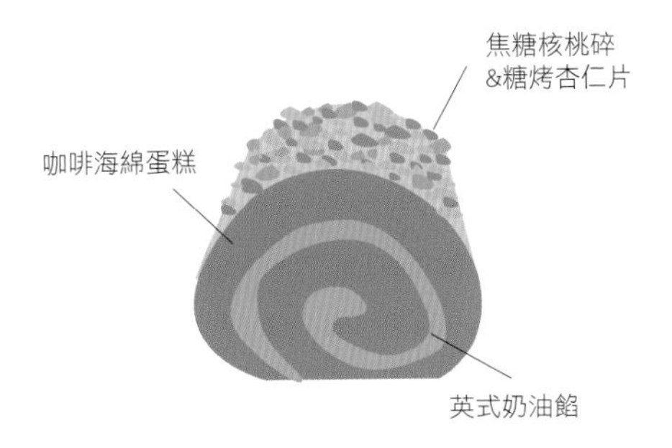

份量	1盤量
模型	60×40公分烤盤
上火/下火	上火180℃/ 下火140℃
單一溫度烤箱	150℃
烘烤時間	兩種烤箱 都是14分鐘
賞味期間	冷藏約2天

材料

咖啡海綿蛋糕（2盤）

- 全蛋……1,130g.
- 蛋黃……190g.
- 砂糖……550g.
- 葡萄籽油……114g.
- 伊斯尼奶油……114g.
- 義式濃縮咖啡液……15g.
- 日本熊本珍珠低筋麵粉……340g.
- 鮮奶……160g.
- 雀巢曼特寧即溶咖啡粉……32g.

英式奶油餡

- 牛奶……225g.
- 香草莢……0.5支
- 蛋黃……162g.
- 砂糖……90g.
- 伊斯尼奶油……380g.
- 焦糖液……165g.
- 焦糖核桃碎……216g.

焦糖液

- 砂糖……120g.
- 焙得葡萄糖漿……40g.
- 伊斯尼動物鮮奶油……120g.
- 伊斯尼奶油……10g.

焦糖核桃碎

- 牛奶……45g.
- 伊斯尼奶油……120g.
- 焙得葡萄糖漿……60g.
- A砂糖……145g.
- 焙得軟糖果膠……10g.
- B砂糖……17g.
- 烤過的核桃……290g.

糖烤杏仁片

- 麥芽……25g.
- 砂糖……140g.
- 水……40g.
- 生杏仁片（150℃烤20分鐘）……670g.

01 Coffee Sponge Cake 製作咖啡海綿蛋糕

1. 將全蛋、蛋黃倒入盆中，加入砂糖，隔水加溫至32℃，打發。

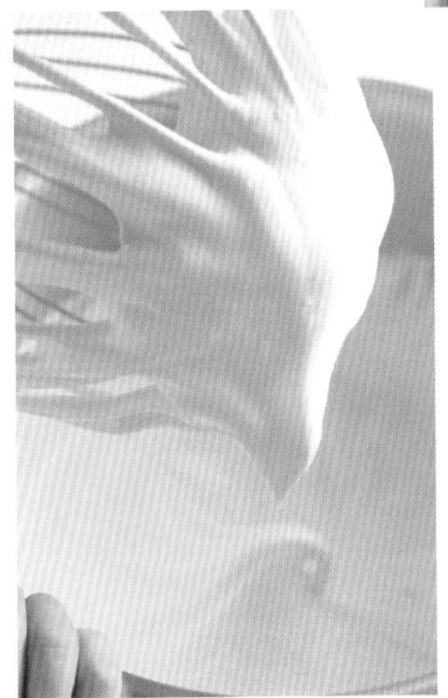

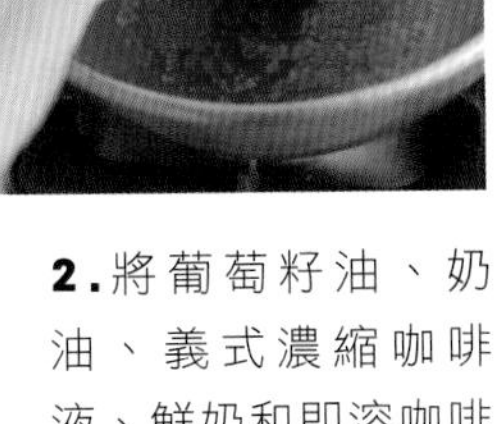

2. 將葡萄籽油、奶油、義式濃縮咖啡液、鮮奶和即溶咖啡粉倒入另一個盆中，加熱融化至45℃。

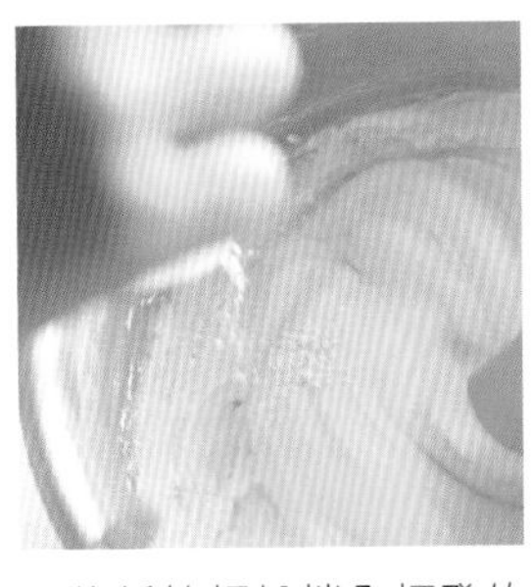

3. 將低筋麵粉拌入打發的全蛋液中，稍微拌勻。

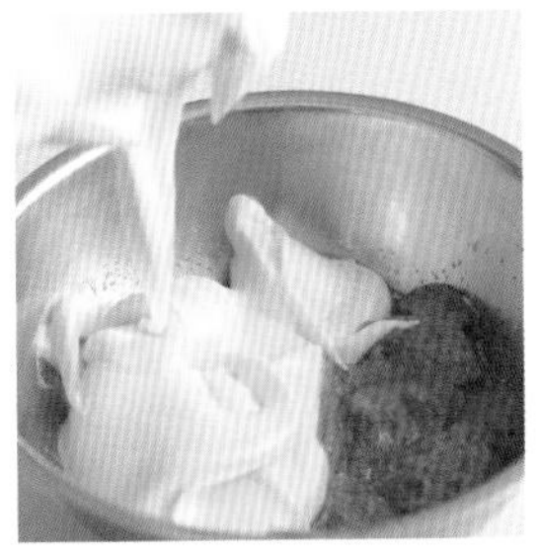

4. 先取一點麵糊倒入咖啡液中拌勻。

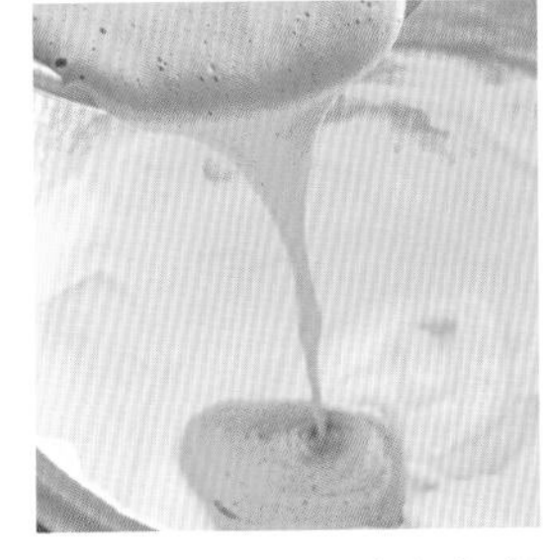

5. 再將小鍋倒回大鍋麵糊中拌勻成麵糊。

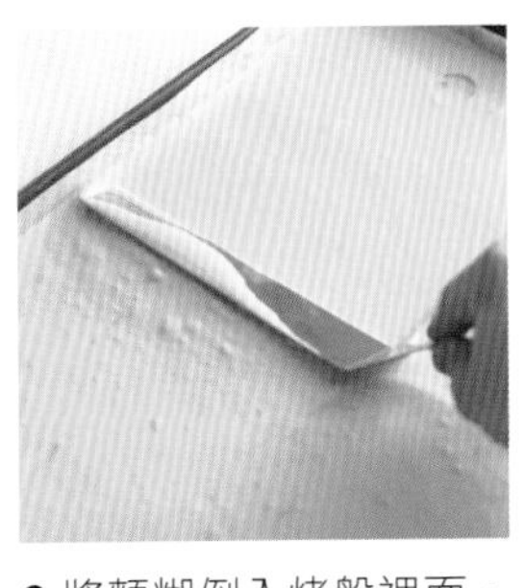

6. 將麵糊倒入烤盤裡面，麵糊表面抹平，放入已預熱好的烤箱，以上火180℃/下火140℃烤14分鐘（約可烤2盤的量），出爐後放涼。

02 Caramel Sauce 製作焦糖液

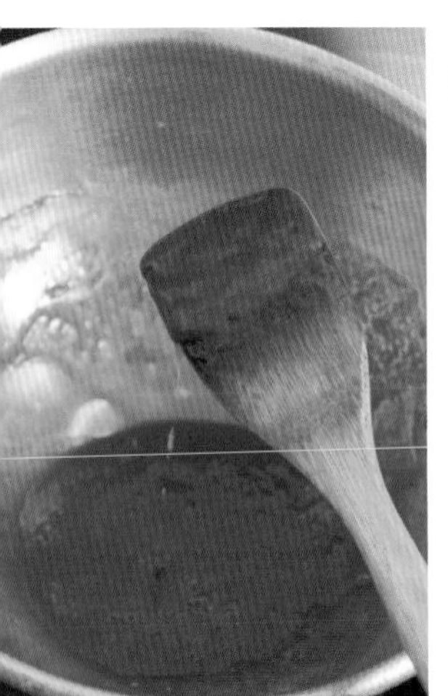

❶ 將焦糖、葡萄糖漿倒入鍋中攪拌，以小火煮至焦化。

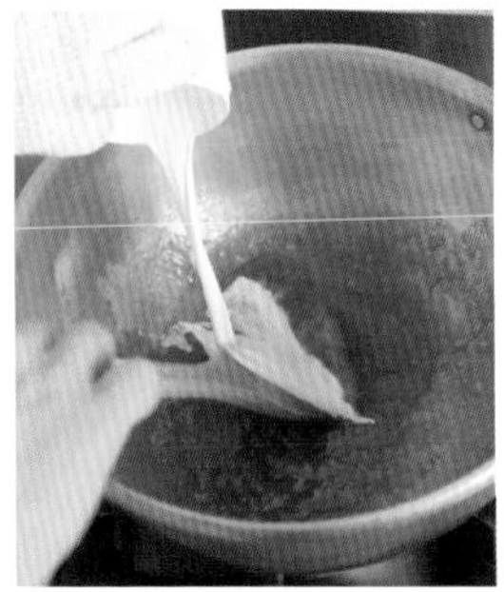

2.加入奶油、鮮奶油拌勻即成。

04 Caramel Walnuts 焦糖核桃碎

1.將牛奶、奶油、葡萄糖漿、A砂糖、軟糖果膠和B砂糖倒入鍋中，一起煮滾。

2.加入烤過的核桃拌一下，再入烤箱，以180℃烤至金黃色。

03 Vanilla Milk Sauce 英式奶油餡

1.香草莢從中剖開，刮出香草籽，全都丟入鍋中，然後倒入牛奶，一邊攪拌一邊煮滾。

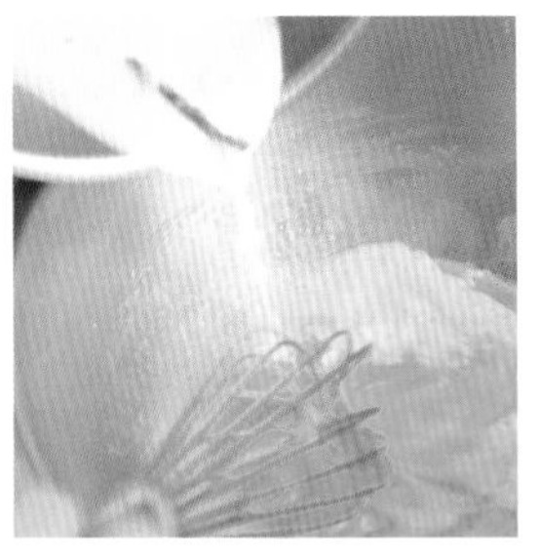

2.將滾牛奶沖入蛋黃、砂糖中拌勻，放於一旁至冷卻到25～26℃。

3.加入奶油、焦糖液、焦糖核桃碎一起打發。

❹ 再倒回鍋中，以刮刀一邊刮拌，一邊回煮至82℃，即有點黏稠狀，過篩即成。＊2

05 Sweet Almond 糖烤杏仁片

將麥芽、砂糖、水倒入鍋中煮滾，再拌入杏仁片。

06 Mix 組合

1.將咖啡海綿蛋糕放好，倒入英式奶油餡，然後均勻抹平，接著準備捲蛋糕卷。

2.將木棍放在烘培紙後，連同蛋糕輕輕提起。

3.讓蛋糕慢慢往前推進（捲）。

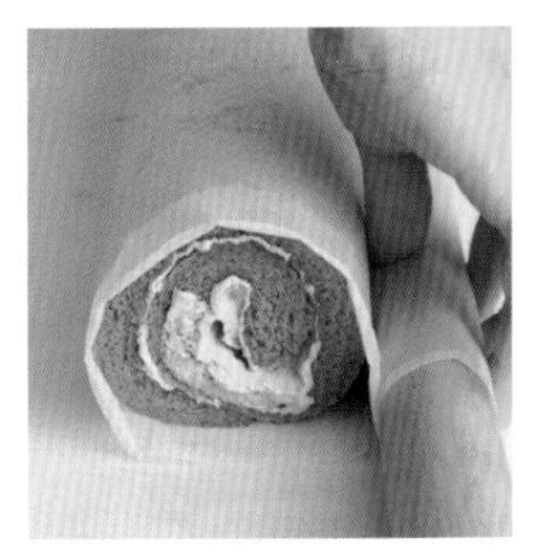

4.繼續推到底，將整個蛋糕捲好。

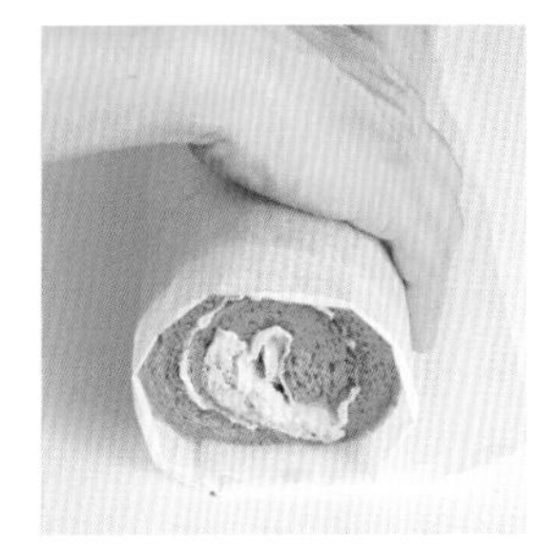

5.手先固定一下，但不要緊壓蛋糕。

8 將整個蛋糕卷沾裹焦糖核桃杏仁，但蛋糕卷兩端和底下接口面不沾裹，最後將蛋糕卷頭尾切掉，放入冷藏後再吃。

6.將焦糖核桃碎、糖烤杏仁片鋪在烘培紙上。

7.撕掉外層的烘培紙，將整個蛋糕卷外層均勻將塗抹上英式奶油餡，蛋糕卷接口面（下方）不抹。

chef's secret 大廚的秘訣

＊1 製作咖啡海綿蛋糕時，注意依循步驟1～6的隔水加熱及打發、回煮程序，較易控制，避免失敗。

＊2 英式奶油餡步驟2.中，奶油餡液降溫至25～26℃，再回煮至82℃，有助殺菌、材料融合，提高成功率。

金牌主廚的法式甜點
饕客口碑版

得　獎　甜　點　珍　藏　秘　方　大　公　開

作者　李依錫
攝影　張緯宇、林宗億
美術　許淑君、鄭雅惠
編輯　彭文怡
校對　連玉瑩
企畫統籌　李橘
總編輯　莫少閒
出版者　朱雀文化事業有限公司
地址　台北市基隆路二段13-1號3樓
電話　02-2345-3868
傳真　02-2345-3828
劃撥帳號　19234566　朱雀文化事業有限公司
e-mail　redbook@ms26.hinet.net
網址　http://redbook.com.tw
總經銷　大和書報圖書股份有限公司　02-8990-2588
ISBN　978-986-6029-38-7
初版一刷　2013.04
初版四刷　2016.08
定價　399元
出版登記　北市業字第1403號

國家圖書館出版品預行編目資料

金牌主廚的法式甜點饕客口碑版：得獎甜點珍藏秘方大公開／李依錫著一初版.一台北市：朱雀文化　2013〔民102〕
面；　公分.—（Cook50；129）
ISBN　978-986-6029-38-7（平裝）
1.食譜—點心
427.16

出版登記北市業字第1403號

About買書：

●朱雀文化圖書在北中南各書店及誠品、金石堂、何嘉仁等連鎖書店均有販售，如欲購買本公司圖書，建議你直接詢問書店店員。如果書店已售完，請撥本公司電話洽詢。

●●至朱雀文化網站購書（http://redbook.com.tw），可享85折起優惠。

●●●至郵局劃撥（戶名：朱雀文化事業有限公司，帳號19234566），掛號寄書不加郵資，4本以下無折

Classic French Confections
To Make At Home

Classic French Confections
To Make At Home